电石安全生产案例

Safety Production Case
of Calcium Carbide

■ 江军 主编

化学工业出版社

·北京·

内 容 简 介

本书从国内电石行业以及相关危险化学品企业已经批复结案及同行业事故案例中精选 100 个典型案例，编制而成。主要包括物体打击事故、机械伤害事故、起重伤害事故、触电事故、灼烫事故、火灾事故、高空坠落事故、爆炸事故、中毒事故等，最后整理了近些年危险化学品行业事故典型案例。每一个案例均从事故经过、原因分析及防范措施等角度进行论述，可供电石以及危化品生产企业相关管理人员、车间技术人员和操作人员参考。

图书在版编目（CIP）数据

电石安全生产案例/江军主编 . —北京：化学工业
出版社，2021.7（2022.9重印）
ISBN 978-7-122-39132-2

Ⅰ.①电…　Ⅱ.①江…　Ⅲ.①碳化钙-安全生产
Ⅳ.①TQ161

中国版本图书馆 CIP 数据核字（2021）第 088765 号

责任编辑：赵卫娟
责任校对：宋　玮　　　　　　　　　　　装帧设计：史利平

出版发行：化学工业出版社（北京市东城区青年湖南街 13 号　邮政编码 100011）
印　　装：北京建宏印刷有限公司
710mm×1000mm　1/16　印张 14¼　字数 247 千字　　2022 年 9 月北京第 1 版第 4 次印刷

购书咨询：010-64518888　　　　　　　　售后服务：010-64518899
网　　址：http://www.cip.com.cn
凡购买本书，如有缺损质量问题，本社销售中心负责调换。

定　价：98.00 元　　　　　　　　　　　　　　　　版权所有　违者必究

编委会名单

主　　编：江　军

编　　委：雷　振　　陈　亮　　陆丽敏　　李　欢　　火兴泰

　　　　　王文明　　常　亮　　董博峰　　齐晓虎

编写人员（按照姓氏拼音排序）：

　　　　　陈延茂　　杜利军　　范晓杰　　高怀义　　高玉宝

　　　　　黄万鹏　　黄学林　　黄彦博　　焦　方　　刘顺利

　　　　　马月英　　单小虎　　王军昌　　王进才　　王彦波

　　　　　王　峥　　杨　松　　杨晓荣　　杨旭红　　禹　杨

　　　　　张海年　　张建国　　张建勋　　张　军　　赵世磊

　　　　　朱　涛

参与人员（按照姓氏拼音排序）：

　　　　　常志旭　　李志刚　　刘思思（昌吉州环境监测站）

　　　　　刘　巍（昌吉州环境监测站）　　罗德成　　孙晓军

　　　　　滕晓贝　　王　刚　　王寅虎　　张　欢（昌吉州环境监

　　　　　测站）　　周　晶（昌吉州环境监测站）　　朱继彬

前 言

　　安全是企业健康发展的生命线。一直以来，新疆中泰矿冶有限公司坚持把"发展决不能以牺牲安全为代价"作为一条不可逾越的红线，牢固树立"以人民为中心"的发展思想，坚持"人的生命至高无上"理念，牢固树立"安全第一、预防为主、综合治理"的安全生产方针。

　　通过精选国内危化品企业已经批复结案及同行业事故案例，编制形成《电石安全生产案例》，通过事故案例的学习，做到"一厂出事故、万厂受教育，一地有隐患、全国受警示"，以案例汇编为参考，更好地组织开展事故警示教育活动，切实做到警钟长鸣、举一反三，用血的事故教训和严重的法律后果，进一步落实企业安全生产主体责任，提高各级人员识险、避险和防范事故的能力，克服麻痹思想，增强安全意识，时刻保持对安全生产的敬畏之心。

　　结合事故发生原因，认真总结规律，查找内部管理工作存在的问题和不足，确保生产装置的安全稳定运行，实现本质化安全。不断健全落实全员安全生产责任制，依法建立安全生产风险分级管控，加快推进安全风险管控和隐患排查治理"双体系"建设。

　　此次事故汇编内容只作为企业反事故教育参考，书中不妥之处，敬请批评指正。

2021 年 5 月

目 录

7 | 第七章　火灾事故

8 | 第八章　高处坠落事故

9 | 第九章　爆炸事故

10 | ## 第十章　中毒事故

11 | ## 第十一章　危化品行业事故案例

附录

第一章

电石生产概述

一、电石简述

电石是工业名，其化学名称为碳化钙。碳化钙的分子式是 CaC_2，分子量为 64.10，它的结构式是：

$$Ca\!\!\begin{array}{c} C \\ \| \\ C \end{array}$$

化学纯的碳化钙几乎是无色透明的晶体，不溶于任何溶剂。在 18℃ 时密度为 $2.22g/cm^3$。化学纯的碳化钙只能在实验室中用热金属钙和纯碳直接化合的方法而制得。极纯的碳化钙结晶是天蓝色的大晶体。

通常我们所说的电石是指工业碳化钙，它是由焦炭和石灰在电石炉中制得，电石中除含大部分碳化钙外，还含有少部分杂质，这些杂质都是从原料中转移过来的。

二、电石生产发展史

电石工业诞生于 19 世纪末，当时的电石炉容量很小，只有 $100\sim300kV\cdot A$，生产技术处于萌芽时期。20 世纪初，生产石灰氮（氰氨化钙）的方法问世后，电石生产向前迈进了一步。由于电石乙炔合成有机产品工业的兴起，自动烧结电极和半密闭电石炉相继发明，电石炉容量得以扩大，推动了电石生产技术的发展。

20 世纪 30 年代中期，世界电石总产量约 210 万吨，用于生产石灰氮的电石约为 105 万吨，几乎占总产量的一半，用于有机合成的只占 15% 左右。随着有机合成工业的迅速发展，电石工业迅速兴旺起来。第二次世界大战以后，挪威和联邦德国先后发明了埃肯（Elekm）型和德马格（Demag）型密闭炉，接着世界上许多国家均采用这两种型式设计、建设密闭电石炉。60 年代初，世界上建成密闭炉 28 座，电石总产量达到 1000 万吨，用于有机合成工业的占 70%，而用于石灰氮的下降到 10% 左右，这一时期是电石生产的极盛时期。

后来由于生产醋酸、醋酸乙烯和聚氯乙烯等产品的原料路线由乙炔转为乙烯，使电石的产量迅速下降，70 年代初期出现了电石生产的低潮。

由于乙烯与乙炔相比，反应活性较差，且又必须采用大型设备，所以人们对电石法生产乙炔又开始重新认识。乙炔的来源有两种：一是由天然气制乙炔及石油裂解制乙烯副产乙炔；二是电石制乙炔。电石乙炔的发展前途主要取决于廉价的电力和高技术生产，以充分利用废物和热能，大大降低成本。

三、我国电石生产情况

电石作为生产乙炔的重要基础化工原料，在保障国民经济平稳较快增长、满足相关行业需求等方面发挥着重要作用。在新中国成立前几乎没有电石工业，只是在某些采矿场建设几座小型电石炉，容量为 300kV·A 左右，生产的电石主要用于点灯，与国外电石工业相比，相差约半个世纪。

我国电石行业起步于 20 世纪 40 年代末期，1948 年我国在吉林建成第一座容量为 1750kV·A 的开放式电石炉，生产能力为 3000 吨/年；1951 年，吉林省又建成一座相同生产能力的电石炉；1957 年，我国从苏联引进了一座容量为 40000kV·A 的长方形三相开放式电石炉，当时全国电石产量已经接近 10 万吨/年。进入 20 世纪 60 年代，以电石法为原料制乙炔的有机合成工业在我国迅速兴起，国内电石产能的扩张速度有所加快，企业数量也有所增长，电石行业在国民经济发展中的作用也逐渐显现。

据统计，20 世纪 80 年代初期，国内电石生产企业约有 200 家，拥有各种类型的电石炉 430 多座，年产能约为 240 万吨。到 2000 年，国内电石年产能达到 480万吨，年增长率仅为 4.2%。进入 21 世纪后，国内市场对 PVC 等产品的需求量迅速增长，且下游制品出口量大幅增加，使得行业进入产能快速扩张期。"十二五"期间，我国电石行业新增 2100 万吨产能，同时退出 863 万吨，电石产能年均增速在 10% 以上。从"十三五"开始，电石产能增速出现拐点，从 2015 年的 4500 万吨下降到 2018 年的 4100 万吨，下降了 8.9%，2016～2017 年共退出 500 万吨落后产能，退出产能开始超过新增产能，行业开始进入理性发展阶段。随着电石炉大型化、密闭化的发展，密闭炉产能比重从 2010 年的 40% 上升到 2014 年的 74%。为密闭炉配套的炉气净化、气烧石灰窑、自动化控制系统等技术装备水平也大幅提升。目前，利用炉气生产化工产品的电石产能已占密闭式电石炉总产能的 11%，炉气回收利用成为行业最重要的资源综合利用措施。密闭式电石炉的比重由 2005年的不足 10% 提高到 2010 年的 40%。"十二五"期间，随着 40500kV·A 密闭炉技术的成熟，到 2014 年底，国内已建成的 40500kV·A 密闭炉 145 台，年产能达 1320 万吨，占总产能的 32%。国内电石生产企业逐步顺应电石上、下游产品的市场变化，逐步走出粗放、混乱增长局面，走向正规化、标准化发展道路。

根据我国"少油、缺气、煤炭相对丰富"的资源状况以及下游市场需求不断增大的状况，行业近几年进入了快速发展期。据统计，2018 年我国现有电石生产企业 170 余家，电石产能 4100 万吨，年产能 20 万吨及以上的企业有 72 家，合计产能占全国总产能的 81%，国内已建成的 40500kV·A 密闭炉 157 台，密闭炉产能比重达 86%。

四、电石的物理性质

（1）电石为块状体，其颜色随碳化钙的含量不同而不同，有灰色的、黄色的或黑色的。电石的新断面呈灰色，当 CaC_2 含量较高时呈紫色。若电石的新断面暴露在潮湿的空气中，则因吸收了空气中的水分而使断面失去光泽变成灰白色。

（2）电石的熔点随电石中碳化钙含量的不同而改变，纯碳化钙的熔点为 2300℃，工业产品电石中碳化钙含量一般在 80% 左右，其熔点常在 2000℃ 左右。69% 碳化钙和 31% 氧化钙的混合物的熔点最低，为 1750℃。碳化钙的含量继续减少时，熔点反而升高而后降低，在 1850℃ 又达到一个低点，此温度为 35.6% 碳化钙和 64.4% 氧化钙的混合物。在这两个最低熔点（1750～1850℃）之间有一个最大值 1980℃，它相当于 52.5% 碳化钙和 47.5% 氧化钙的混合物。随着碳化钙含量的继续减少（即低于 35.6%），混合物的熔点又升高，见图 1.1。

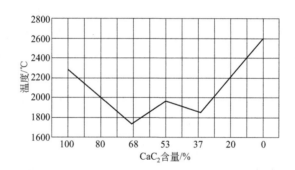

图 1.1　电石熔点与其中 CaC_2 含量的关系

应当指出：影响电石熔点的不仅是石灰的含量，氧化铝、氧化硅与氧化镁等杂质也对电石熔点有影响。

（3）电石的导电性能与其纯度有关，碳化钙含量越高，导电性能越好；碳化钙含量越低，导电性能越差。当碳化钙含量继续下降，则其导电性能又复上升。电石的导电性与温度也有关系，温度越高，导电性能则越好。

（4）电石硬度随 CaC_2 含量的增加而增大。在最低共熔点的组分时硬度最大。含 CaO 过多的电石硬度较含碳过多的电石硬度为大，而且易熔，但分解较慢。

（5）电石的密度取决于 CaC_2 的含量，如图 1.2 所示。由图可以看出，随着 CaC_2 含量的减少，电石的密度增加。也就是说电石的纯度越高，密度越小。

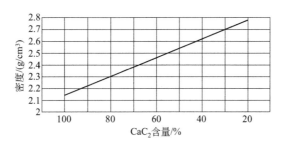

图 1.2　电石的密度和 CaC_2 含量的关系

五、电石的化学性质

（1）碳化钙被水分解生成乙炔

① 与过量水或饱和水蒸气反应：

$$CaC_2 + H_2O(液) \longrightarrow Ca(OH)_2 \downarrow + C_2H_2$$

② 蒸汽温度超过 200℃时不生成 Ca（OH）$_2$ 而生成 CaO：

$$CaC_2 + H_2O(汽) \longrightarrow CaO + C_2H_2$$

③ 电石在赤热高温状态下加水分解，除生成 C_2H_2 外，还有部分 C_2H_2 分解成 H_2 和 C。

用饱和水蒸气分解碳化钙时，也像用水分解它一样。有足量水蒸气存在时生成氢氧化钙。蒸汽的温度超过 200℃时则生成氧化钙。在赤热的高温下，除生成乙炔外，同时还生成少量的氢气和碳。在这种情况下，除了碳化钙的加水分解反应之外，还发生乙炔的分解。

（2）电石本身可作为钢铁工业的脱硫剂。硫的蒸气和碳化钙反应生成硫化钙（CaS）和二硫化碳（CS_2）。此反应在 500℃时进行得很剧烈，这时，除了硫化钙以外还生成碳和少量的 CS_2。在 250℃时则生成大量的 CS_2。

（3）乙醇和碳化钙反应生成醇化钙。

（4）碳化钙能还原铅、锡、锌、铁、锰、镍、铬、钼及钒的氧化物，而得到的主要产物是钙的合金。氧化铝可被碳化钙还原成金属铝，长时间加热时可以生成碳化铝。

（5）与氧气 O_2（干燥）及 CO、CO_2 等反应：

$$CaC_2 + O_2 \longrightarrow CaCO_3 + C$$

$$CaC_2 + CO_2 \longrightarrow CaO + C$$

$$CaC_2 + CO \longrightarrow CaO + C$$

六、电石的用途

（1）电石与水反应生成的乙炔可以合成许多有机化合物，如合成橡胶、合成树脂、丙酮、烯酮、炭黑等；同时氧乙炔焰广泛用于金属的焊接和切割。

（2）加热粉状电石与氮气时，反应生成氰氨化钙，即石灰氮，石灰氮是制备氨基氰的重要原料。石灰氮与 NaCl 反应生成的熔体用于采金及有色金属工业。

$$CaC_2 + N_2 \longrightarrow CaCN_2 + C \qquad \Delta H = -296kJ/mol$$

（3）生产聚氯乙烯（PVC）。电石法生产聚氯乙烯是电石（碳化钙 CaC_2）遇水生成乙炔（C_2H_2），乙炔与氯化氢（HCl）反应制得氯乙烯单体（$CH_2=CHCl$），再通过聚合反应使氯乙烯生成聚氯乙烯 $+CH_2-CHCl]_n$。

（4）电石本身可用于钢铁工业的脱硫剂。

（5）旧时，将电石放入铁罐之中利用生成的乙炔（C_2H_2）制作成电石灯。

成品电石见图 1.3。

图 1.3　成品电石

七、电石的制法

工业上一般使用电热法与氧热法制备电石。电热法是将炭材与氧化钙（CaO）置于 2200℃左右的电炉（电石炉）中，依靠电弧高温熔炼反应生成碳化钙，同时生成一氧化碳（CO）。

$$CaO + C \longrightarrow CaC_2 + CO \qquad \Delta H = +465.7kJ/mol$$

这是一个强吸热反应，故需在 2100~2500℃的电石炉中进行。生产过程主要有原料加工、配料、电石炉熔炼。通过电石炉上端的入口或管道将混合料加入电石炉内，在 2000℃左右的高温下反应，熔化的碳化钙从炉底取出，经冷却、破碎后作为成品包装。反应中一氧化碳则依电石炉的类型以不同方式排出。在开放炉中，一氧化碳在料面上燃烧，产生的火焰随粉尘向外排出；在密闭炉中，一氧化碳被吸气罩抽出。电石工业迄今仍沿用电热法工艺。

八、电石的特性和储存

电石干燥时不燃，遇水或湿气能迅速产生高度易燃的乙炔气体，乙炔气体在空气中达到一定的浓度时，可发生爆炸；与酸类物质能发生剧烈反应。燃烧（分解）产物为乙炔、一氧化碳、二氧化碳。禁止用水或泡沫灭火，须用干燥石墨粉或其他干粉（如干砂）灭火。储存于阴凉、干燥、通风良好的库房，远离火种、热源，相对湿度保持在 75% 以下，包装必须密封，切勿受潮。电石应与酸类、醇类等分开存放，切忌混储。

第二章

物体打击事故

案例1 钢丝绳打击事故一

■ 事故发生时间：2013 年 2 月 10 日

■ 事故地点：某电石厂电石炉一楼

■ 事故经过：

某电石厂 2 号电石炉 2 号眼出最后一炉（第八炉）时，出炉工在 2 号眼轨道内打扫卫生，当时班长看到第 5 锅已满就喊了"拉锅"，但出炉工没有在意，也未闪开，继续打扫卫生，这时钢丝绳突然弹起直接打到出炉工左脚踝骨，导致其左脚踝骨骨折。

■ 原因分析：

（1）出炉工在 2 号炉 2 号轨道内打扫卫生，出炉班长启动按钮拉锅，钢丝绳在弯道地轮上滑动，随着钢丝绳与地轮之间距离拉长，钢丝绳自动从地轮上向弯道内侧弹起，直接打向在 2 号轨道内打扫卫生的出炉工左脚踝骨。

（2）出炉工个人安全意识淡薄，违反出炉拉锅相关规定，在危险区域违章作业。

（3）出炉班长对本班人员工作安排不当，监管、监护不到位。本人违章操作，拉锅前未要求弯道内作业人员进行撤离。

■ 防范措施：

（1）加强对生产过程中员工的动态监督检查管理。

（2）时刻宣传并组织学习电石生产现场安全禁令，让员工提高安全意识、自我保护意识。

（3）组织人员于三日内完成对本次事故的分析和相关电石生产安全知识及禁令的学习。

（4）完善电石炉出炉平台安全操作相关禁令和制度并认真执行。

（5）安全环保处每周一次对以上措施的落实情况进行监督检查。.

事故启示　　此次事故，给员工身体造成了伤害，教训惨痛。要通过总结吸取事故教训，在今后的工作中认真做好作业前的风险辨识，全面排查并消除安全生产隐患，坚决防止事故的发生，确保广大员工生命财产安全。

案例2　钢丝绳打击事故二

⚡▧ **事故发生时间：2012 年 4 月 21 日**

⚡▧ **事故地点：某电石厂电石炉一楼**

⚡▧ **事故经过：**

某电石车间准备出炉作业，出炉班长开动卷扬机拉空电石锅过程中，卷扬机钢丝绳脱离导轮而弹起，打到轨道弯道内侧准备拿六棱钢钎的出炉工，出炉工小腿受到冲击而失重摔倒，导致其右手手指受伤。

⚡ 原因分析：

（1）出炉工违反安全操作规程，在运行的钢丝绳弯道内侧（离轨道 1m 左右）活动。

（2）轨道转弯处钢丝绳导轮两组损坏严重、一组缺失，机械缺陷造成钢丝绳脱轨弹出；出炉班长在拉动电石锅时，未确认钢丝绳周围人员全部远离危险区，违反安全操作规程。

（3）伤者，入职 10 天，至事故发生时尚属试用期员工，出炉班长、大班长、车间主任对新员工岗位安全培训不到位，车间级、班组级安全培训仅限于建立台账。

⚡ 防范措施：

（1）车间管理人员需加强责任心，落实车间级、班组级安全教育，保证员工在作业过程中做到"四不伤害"。

（2）加强对现场设备的维护保养，对地轮进行彻底检查处理，保证运转正常。

事故启示　　风险管控要落实到位，有章可循，作业人员现场操作要按照要求执行，危险点控制措施要落实到位。

案例3　钢丝绳打击事故三

⚡ 事故发生时间：2013 年 6 月 6 日

⚡ 事故地点：某电石厂电石炉一楼

⚡ 事故经过：

某电石厂电石二车间6号炉1号眼出完第五炉、换完锅，出炉工在启动按钮向1号眼拉锅时，由于2号卷扬机钢丝绳外放太多，转动时压住外圈钢丝绳，致使1号与2号两台卷扬机形成对拉，造成头锅前3～4m处断开。钢丝绳从1号炉口顺2号炉口轨道弹缩到第2跨，导致刚好路过此处的机修工被回弹钢丝绳弹到腿部并被绊倒。

⚡ 原因分析：

（1）机修工自我保护意识差，在卷扬机钢丝绳拉锅时通过第2跨，被拉断的钢丝绳弹到。

（2）出炉工在启动按钮拉锅时未对现场钢丝绳受力情况进行查看，未与专职卷扬机操作工进行沟通，导致2号卷扬机钢丝绳外圈被压住，形成两台卷扬机对拉，造成钢丝绳断开。

（3）卷扬机操作工违反操作规程，致使卷扬机转动时未第一时间发现并处理松散过长钢丝绳，外圈钢丝绳被压，钢丝绳有效行程被缩短，导致钢丝绳被拉断。

⚡ 防范措施：

（1）立即对各炉出炉轨道上防护架设施及钢丝绳进行检查修复及更换。并制作1～2跨的出炉轨道防护栏，以提高安全防护作用。

（2）立即组织人员对此次事故进行分析，举一反三，查找其他各电石炉存在的安全隐患并采取防范措施。

（3）立即组织人员制定和完善电石出炉相关安全生产禁令及安全生产管理规

定，并进行学习和实施，对违反规定的人员加大处罚力度。

（4）各车间班组加强交接班的安全教育活动，将各危险作业区域需注意事项向员工交代，各职能部门跟踪检查、落实。

（5）组织主任、班长、员工进行生产过程中危险源辨识学习，做到及时发现、消除、制止现场违章违规操作的危险因素。

（6）以上防范整改措施由电石厂安全环保处进行监督检查，及时提出意见并进行考核。

事故启示　　我们必须牢记"安全工作无小事"。在安全工作中有许多规章制度建立的背后都有惨痛的教训和血的代价，要求在安全工作的每个细节、每个环节都要遵章守纪。

案例4　钢丝绳打击事故四

⚡▪ **事故发生时间：2018 年 6 月 14 日**

⚡▪ **事故地点：某电石厂电石炉一楼**

⚡▪ **事故经过：**

18 号炉乙班在组织 3 号炉眼出炉过程中，卷扬机操作工在 3 号眼南侧进行拉锅牵引操作，因第一锅（头锅）发生漏锅，导致出炉小车掉道。在拉第4锅时，发现卷扬机牵引不起作用，操作工从18-3和17-2机械手中间穿过，走向冷却厂房方向准备检查18-3卷扬机挡位，并未认真检查出炉小车掉道后，钢丝绳牵引链条已经卡阻在地轮上，依然强行进行野蛮拉锅操作。在其沿轨道行走至距离冷却厂房还有17m距离时，钢丝绳前端链条突然断裂，钢丝绳回弹将操作工拖拽至冷却厂房南侧。

⚡▮ 原因分析：

（1）出炉工在操作卷扬机牵引出炉小车作业过程中，检查不认真，小车掉道后钢丝绳牵引链条已卡阻在地轮上，仍然进行野蛮操作，强行拉锅，是此次事故发生的直接原因。

（2）出炉工在拉锅作业过程中未严格按照《电石炉各岗位操作规程》作业要求，保持与钢丝绳2m以上安全距离，违章作业，是此次事故发生的另一直接原因。

（3）车间在电石炉出炉作业环节日常管控上不严格，未能严格按照《电石炉各岗位操作规程》要求，指定专人操作卷扬机遥控器、专人巡道看电石锅等。

（4）车间出炉应急处置措施不到位，当出现漏锅、掉道等情况时，不及时采取封堵炉眼措施，习惯性采取来回拉锅形式，将小车拖拽至轨道，处室及车间未及时纠偏。

（5）车间在出炉衔接过程中，时间安排不到位，多数交接班过程中仍进行出炉作业，员工交班心情迫切，易造成责任心下降，不按规范操作。

（6）相关处室及车间管理人员，在出炉系统设备巡查、出炉小车脱轨掉道、穿锅及出炉作业不安全行为等方面监督管理不到位，缺乏敏感性。

⚡▮ 防范措施：

（1）各车间严格按照《电石炉各岗位操作规程》要求，细化职责分工，专人负责，做好出炉系统设备巡查，卷扬机、机械手等各环节安全操作，加大现场监督检查。

（2）各车间加强出炉工应急处置能力岗位练兵，指定专人拉锅，小车掉道后，严禁来回强行拉锅上道，必须立即封堵炉眼，再对掉道小车进行处理。

（3）加强出炉工岗位危险源辨识及操作规程培训，出炉作业过程中严禁穿越钢丝绳，保持2m以上安全距离，当出现异常情况时认真、仔细排查，严禁野蛮作业，严格按照标准、规范实施作业。

（4）各车间加强出炉现场监管，管理人员划分责任片区，定期对出炉系统设备开展隐患排查，发现问题及时督促整改。

（5）安全环保处重点排查人的不安全行为，加大安全操作规程的执行、监督、检查力度，加大反"三违"力度，尤其是重点区域、人员集中操作的岗位。

（6）生产技术处强化车间出炉秩序管控，尽量避免交接班期间出炉作业，防止因交接班过程扰乱正常作业秩序，导致现场监督管理力度下降。

（7）机械动力处牵头，各专业处室配合，系统开展出炉系统隐患排查工作，重点对出炉小车架改造、电石锅牵引间隙、轨道地轮、单轴小车开展专项整治，同时加大出炉系统报警、连锁等自动化改造工作，防止因人员误操作，造成各类安全事故、事件发生。

事故启示　　小隐患不去管理，出现问题才去弥补，才去管理，可以说是管理上的失败。所以，从管理上必须重新认识，要从被动管理转化为主动管理，真正提高人的安全意识。

案例5　钢丝绳打击事故五

⚡■ **事故发生时间：** 2010 年 7 月 7 日

⚡■ **事故地点：** 某电石厂电石炉一楼

🔩 ■ 事故经过：

电石车间 6 号炉出炉工在 2 号炉眼拖动空锅，小锅行进过程中头锅钢丝绳接头卡在 3、4 号岔道缝隙中，卷扬机带动钢丝绳将岔道轨道拽起；卷扬机操作人员听到卷扬机声音异常时停止拉锅作业。出炉人员看见此情况后，上前挪动钢丝绳，想将钢丝绳复位，由于钢丝绳松动，道轨落下，砸在出炉人员左脚上，导致其左脚踝骨骨裂。

🔩 ■ 原因分析：

（1）操作人员自我防范意识差，未意识到操作过程中存在的潜在危险，处理现场问题欠缺经验（没有通过卷扬机反向拉动松动钢丝绳，而用手直接挪动钢丝绳），是造成此次事故的直接原因。

（2）现场管理人员对员工的日常操作行为监督管理不到位，对员工操作的安全交底欠缺，是此次事故发生的间接原因。

🔩 ■ 防范措施：

（1）车间要加强员工风险辨识和风险控制培训，提高员工现场操作时的自我保护意识；并要求操作人员加强作业环节危害辨识能力，从而提高员工在操作过程中的安全技能，采取有效的措施加以控制和消除，确保操作人员安全。

（2）车间要强化对员工作业行为的监督、检查。

事故
启示

　　加强管理制度的执行力度，让新员工意识到每个环节可能存在的问题，并且做好防范措施，避免事故的发生。通过对员工作业行为的监督控制管理，避免人为因素造成的不安全事故。

案例6 钢丝绳打击事故六

▶▶▶

🔩 ■ 事故发生时间：2012 年 8 月 23 日

⚡▪ 事故地点：某电石厂电石炉一楼

⚡▪ 事故经过：

第四锅出炉完毕，准备出第五炉 1 号眼（当时正在拉空锅）。出炉班长安排出炉工去调整烟道风门。出炉工在调整风门时没有注意拉锅钢丝绳已在运行。钢丝绳在经过烟道风门下方轨道时脱离地轮弹起，击中出炉工。

⚡▪ 原因分析：

（1）出炉班长在安排出炉工去调整烟道风门时，同时指挥卷扬工启动卷扬机进行拉锅，对拉锅过程中可能出现的危险认识不清，导致钢丝绳弹起击中出炉工。

（2）出炉小车链板和钢丝绳连接处与导向地轮垂直距离约 300mm 且存在 35°的夹角，小车被拉入弯道后，在距地轮还有一定距离时会从导向地轮处弹出。

⚡▪ 防范措施：

（1）各车间要加强对职工班前、班后会的安全教育。

（2）各级管理人员要充分认识安全工作在生产中的重要性，在进行任何作业时必须确保遵守操作规程和落实安全措施。

（3）卷扬工与出炉班长之间信息不畅，靠手势启停卷扬系统。要求卷扬工与出炉班长配备对讲机以保持信息畅通。

（4）轨道地轮平时设备保养不到位。要求加强设备日常的保养与维修，保证地轮旋转正常。

（5）建议加装声光报警仪，在拉锅卷扬机开动前报警，提醒人员安全撤离危险区域。

（6）对出炉车头牵引处结构进行改造，加装牵引钩，保证受力点与地轮在同一直线上。出炉时必须使用防护小车。

事故启示　每月班组要在车间管理人员的指导下开展安全活动，组织讨论安全工作中存在的问题，对日常工作中的不安全行为班组成员要客观地指出，力求在今后的工作中杜绝。

案例7　法兰脱落打击事故

⚡▪ **事故发生时间：2016 年 5 月 4 日**

⚡▪ **事故地点：某电石厂 1 号机给水泵**

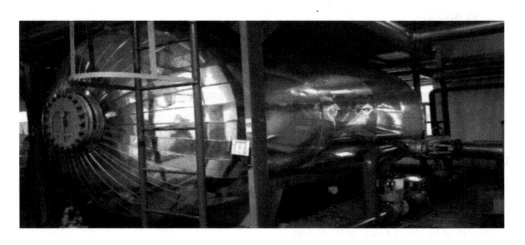

⚡▪ **事故经过：**

5 月 3 日下午，车间巡检人员发现 1 号机给水泵密封水板式换热器水温异常，车间副主任刘某、汽机专工朱某、机械动力处汽机专工林某三人共同到现场对运行参数进行分析，确认其内部泄漏。随后林某安排机修车间人员于 5 月 4 日对此缺陷进行消漏。

5 月 4 日 9:30 左右，机修车间现场负责人杨某安排作业人员将票据、工器具准备就绪后，开始作业。12:00 左右，检修人员将换热器解体。刘某、林某商议对换热器进行试漏，确定具体泄漏点位。因现场空间狭小，吊装设备难度大，刘某安排作业人员停止作业，准备在现场对换热器做试漏检查。14:30左右，杨某安排张某去检修工房准备试漏的工器具。张某将工器具准备好后，到现场进行试漏。在张某查看换热器压力表时，换热器固定罩突然崩开，致使换热器法兰撞击到张某胸口。15:20左右到检修现场的杨某看到张某倒在地上，随即将其扶起询问伤势后汇报给班长和车间负责人。随后车间负责人安排将张某送往医院治疗。

⚡ 原因分析：

（1）在试漏过程中，换热器固定罩脱焊，试漏产生的推力使换热器向前方移动，此时作业人员正位于换热器正前方，移动换热器挤压操作人员是导致本次事故发生的直接原因。

（2）原工作票检修内容为1号机给水泵密封水换热器解体检查，但实质工作内容为1号机给水泵密封水换热器水压试漏，原工作票的安全措施范围变更。需重新开具新的工作票，但现场未见到新的工作票许可手续，是本次事故发生重要原因。

（3）现场换热器固定罩腐蚀脱焊严重，吊葫芦并未将换热器全部吊起，换热器低点触地受力。作业区域面积较小，且光线不足，不能充分满足试漏作业安全条件；开具的试漏方案审批表、试漏方案、安全方案等都未辨识到现场试漏作业可能导致的事故风险，也未对现场试漏作业提出更合理、本质的安全要求，是本次事故发生的间接原因。

（4）相关人员已判断1号机给水泵密封水换热器内漏，且维修厂房内有备用的换热器，但未采取安全的作业方式更换，而是采取现场试漏的方式查找漏点，不符合现场检修安全要求，是本次事故发生的间接原因。

⚡ 防范措施：

（1）对电力工作票的签发人、许可人、负责人进行梳理，重新组织考试，严格按照要求，审批确定作业管理的三种责任人，同时要明确三种责任人的工作职责，并严格落实，对责任心不强、业务水平不高，不能胜任的撤销资质。

（2）充分吸取本次事故经验教训，在全厂范围内开展一次学习设备结构知识和安全业务知识的活动，按工序、工艺、设备、作业、日常管理等工作环节，进一步开展风险管理工作，认真做好危险源的识别、评价与风险防控工作，并有效落实各项风险防控措施，真正做到对事故的预防性管理，全面了解本厂内所有设备结构原理和危险辨识的方式方法，并将两者充分融合，贯穿设备生命周期和检维修作业的过程安全管理。

（3）针对当前检维修作业状况，各级管理人员要提高认识，进一步规范检维修的作业管理，根据检修现场的实际情况采取正确合理的检修方法，从本质安全出发落实安全措施。加强作业计划及过程控制，将确保安全放在各项工作的首位，从意识、认识、态度和执行上狠下功夫，切实提高安全管理水平。

（4）加强对机修车间、电仪车间日常安全培训教育，提高检维修人员自身安全意识。认真梳理作业过程中的关键人、关键岗位和关键操作，对日常工作的重点、危险点，要明确作业项目和作业要求，部门领导要加强作业监督，严格落实"三必须"（管行业必须管安全、管业务必须管安全、管生产经营必须管安全）的安全工作理念，杜绝各类事故的发生。

事故启示　在岗位上严细操作规程，防微杜渐，工作中先思后干，以图周全，做到正常不松，遇急不慌，遇险冷静。时刻将安全放在首位，思想永不懈怠。

案例8 手动吊葫芦打击事故一

⚡▪ **事故发生时间：** 2014 年 6 月 27 日

⚡▪ **事故地点：某电石厂电石炉二楼**

事故经过：

车间安排当班出炉工清理炉内电极，但剩下一块大电极人工拉不动，就采用吊葫芦来拉电极，出炉工拉导链。在拉到一半时导链突然从链盒处滑脱断开，导链顺势打到出炉工安全帽上，安全帽檐直接打到左脸部，造成出炉工脸部皮肤开裂。

原因分析：

（1）在导链拉电极块时，铁链突然从链盒处滑脱断开是此次事故的直接原因。

（2）操作导链时注意力不集中，自我安全保护意识差，未规范戴好安全帽、系好帽带。

防范措施：

（1）组织班组人员进行事故分析，总结事故教训。

（2）将此次事故作为典型案例，组织全厂员工进行学习。

（3）加强规范检修制度，严格执行工机具检查规定，规范工机具安全操作，管理人员及时检查确认。

（4）安全管理人员加大对现场检修作业的监督检查，严查检修作业票执行情况，做到安全检修、文明作业。

事故启示：注意力不集中，操作不规范，检修工作不到位，造成自身或他人受伤，此案例提示我们规范戴好劳保用品，提高员工自我保护意识，加强规范检修制度。

案例9　手动吊葫芦打击事故二

事故发生时间：2015年10月27日

⚡▪ 事故地点：某电石厂电石炉一楼

⚡▪ 事故经过：

电石八车间按照计划对 16 号炉 3 号眼轨道进行检修。晚间，维修车间作业人员使用龙门架将出炉轨道提升至 30cm 后，使用耙子对轨道下方的垫层（沙子）进行平整时，龙门架上方的手动吊葫芦手链轮突然下滑，轨道下坠，砸到平整轨道垫层的耙子上，将维修工右手连同耙子手柄与旁边轨道挤到一起，导致维修工右手小拇指挤伤。

⚡▪ 原因分析：

（1）手动葫芦手链轮下滑，轨道下坠砸到耙子将维修工右手连同耙子手柄与旁边轨道挤到一起，是造成此次事故发生的直接原因。

（2）在使用手动葫芦吊轨道前，没有进行试吊，且轨道吊起后没有在轨道下方做支撑保护，直接使用耙子在轨道下方进行作业，是造成此次事故的主要原因。

（3）电石车间及维修车间管理人员对作业现场监督、管控力量薄弱，对更换轨道作业环节可能会发生的危险，没有进行有效的风险辨识，是造成此次事故的管理原因。

（4）电石车间现场虽然指定了检修负责人，但监护人对现场作业环节中使用的工机具未进行认真检查，在使用手动葫芦起吊轨道时，未提出试吊或进行制止。

（5）机械动力处对车间起重吊具管控和检查不到位，维修车间对存在隐患的起重吊具没有进行检修或更换。

（6）安全环保处、车间对夜间作业现场监控力度存在不足，对风险作业的管控力度不够。

防范措施：

（1）维修车间立即对所有作业工机具进行全面检查，严禁使用安全防护不全、保护装置失灵的工机具。

（2）各车间、中心上报监护人员名单，由安全环保处组织监护人培训，并制定《安全监护人管理规定》；组织监护人员考试，取得监护人上岗证，规范、提高现场作业监护能力。

（3）各车间、中心对此次事故认真组织学习，车间管理人员认真梳理工作中的盲点，从人、机、物、环、管理五方面着手，加强现场检维修作业薄弱环节的管控。

（4）对所有的手动葫芦进行编号，并建立手动葫芦检验台账，制定手动葫芦使用、检查、保养管理办法，并跟踪落实。

（5）现场作业人、负责人、监护人对现场作业进行认真仔细的风险辨识，做好安全技术交底，采取防范措施后方可执行作业。

（6）凡不影响正常生产的检维修，夜间一律不允许作业。

事故启示

此次事故的主要原因是对夜间作业现场管控力度不够，车间要加强现场检维修作业管控，作业前进行风险辨识，确认安全措施落实到位再进行作业。

案例10　出炉小车打击事故

事故发生时间：2014 年 8 月 17 日

事故地点：某电石厂冷却厂房

⚡■ 事故经过：

电石 6 号炉正在维修出炉小车架，由于小车架损坏较多，为了不影响电石出炉，车间要求小车架由班组自行维修。当安装车轮时需要将小车架翻转后才能进行安装，于是由两个人将小车架抬起进行翻转，在翻车架过程中小车架碰到旁边的空锅上反弹回来，躲闪不及，小车架直接砸向维修人员的右脚面。

⚡■ 原因分析：

（1）自我保护意识差，检修小车架时未意识到小车架翻转被弹回与自身安全距离。

（2）现场检修空间受限，检修小车时未考虑到小车翻转与空锅之间的落地距离。

⚡■ 防范措施：

（1）立即组织人员对所有冷却厂房 1 跨、2 跨待修的出炉小车进行清理，全部转移到 3 跨定点维修。

（2）安环处组织人员对现场进行物品定置摆放检查、跟踪，完成整改。各车间进行自检自查，对存在安全隐患、不规范摆放的物资进行治理。

（3）电石车间对此次事故进行分析，加强员工作业过程中危险源的辨识和学习，及时消除现场操作的危险因素，加强危险防范与受控。

（4）此次事故教训，电石厂其他车间要引以为鉴，有组织地对员工开展一次培训，主要目的是及时消除现场危险因素，真正做到"四不伤害"，安环处监督实施。

事故启示　　健全不安全行为的管理机制，通过观察及预警，及时发现问题，采取措施纠正不安全行为，降低不安全行为的发生率。

案例11 烧穿器掉落打击事故

>>>

⚡▪ **事故发生时间：2011 年 8 月 12 日**

⚡▪ **事故地点：某电石厂电石炉一楼**

⚡▪ **事故经过：**

11:00，车间 5 号炉甲班出炉工按正常出炉时间打开 2 号炉眼进行出炉操作。11:20 操作工进行维护炉眼操作，11:30 炉眼维护完毕。在撤出烧穿器时，由于烧穿器和轨道连接处丝扣滑丝，烧穿器掉落到地面弹起后砸到操作工左小腿，造成左小腿腓骨中段轻微骨折。

⚡▪ **原因分析：**

（1）烧穿器设计存在缺陷，连接吊挂螺丝丝扣滑丝导致烧穿器坠落砸伤人，是造成此次事故的直接原因。

（2）操作人员在操作前，未对工器具进行认真检查，未能发现潜在危险，也是造成此次事故的主要原因。

（3）车间设备管理不够细致，设备专业管理人员对出炉操作设备维护、检查不到位，是此次事故发生的管理原因。

⚡▪ **防范措施：**

（1）安全环保处和机械动力处对各电石车间烧穿器进行了认真检查，对现有烧穿器连接方式进行改造，并加装钢丝绳用于第二道紧固。

（2）车间要加强设备隐患的排查力度，定期对传动设备、滑轮、轨道及炉前操作设施进行排查，消除设备运行中存在的各类隐患。

（3）机械动力处要定期对非标件进行专项检查，杜绝因制作件自身存在缺陷而引发事故。

事故启示　　此案例警示我们必须按要求做好每一项工作，按流程做好每个环节，不得马马虎虎，要认真细致。

案例12　液压油喷出打击事故

⚡■ **事故发生时间：** 2012 年 11 月 20 日

⚡■ **事故地点：** 某电石厂原料车间除尘处

⚡■ **事故经过：**

原料车间烘干喷淋除尘操作工和窑体司炉工（被临时指派到喷淋除尘操作间帮忙）在喷淋除尘操作间作业，两人准备出门离开，刚走到门口时，忽然听见身后一声巨响，喷淋除尘1号压滤机液压油管对丝口处突然崩开，带压液压油迅速从压滤机管接口处喷出，窑体司炉工下意识抬起左胳膊抵挡，喷出的液压油打在其左胳膊腋窝处，导致其腋下窝被击伤。

⚡■ 原因分析：

（1）烘干喷淋塔设施自建成以来断断续续进行了几次试车运行，并进行了技改，未进行长时间系统有效的运行。技术资料及说明书未交接，相关设备操作培训不够深入，目前主操作手只有一人，对设备存在的隐患无法做出准确判断，这是事故主要原因。

（2）经现场勘查，液压油管对丝与油缸口内丝并未上满全丝，油缸进油口内丝为8丝、2cm深，有3丝滑丝现象。油管对丝口为5丝、1cm长，3个丝全部滑丝。说明油缸对丝安装时就存在缺陷，压滤机运行后随着注入污水进行压滤，压力逐渐增大导致油管对丝崩脱，这是事故发生的直接原因。

⚡■ 防范措施：

（1）原料车间对压滤机液压系统进行检查，排除隐患，避免此类事故再次发生。

（2）原料车间组织岗位人员进行液压系统操作安全知识培训。

（3）针对此次事故各厂、车间必须对液压系统进行检查，排除隐患，悬挂警示标识。

事故启示　　此次事故暴露出企业日常隐患排查治理不到位，对设备巡检不到位。巡检人员自我保护意识差。

第三章

机械伤害事故

案例13 烘干窑五楼皮带伤害事故

⚡▰ **事故发生时间：** 2011 年 1 月 4 日

⚡▰ **事故地点：** 某电石公司烘干窑五楼

⚡▰ **事故经过：**

烘干窑甲班员工张某在烘干窑五楼值班，看护 2 号可逆皮带工作运行，由于皮带离地面高度较低（约 6cm 高），使得皮带滚筒下方积存的炭材粉末较多，影响了皮带的正常运转。操作工在未停运皮带的情况下违章操作，用专用的清理工具小铁耙（铁耙长度为 40cm 左右，宽度为 2cm 左右）去清理炭材粉末，不慎造成铁耙被卡在皮带下，并顺势向前移动，操作工急忙用左手去拽铁耙，但未拽出，使得其左手臂被皮带挤伤，造成左手手腕轻度桡骨骨折。

⚡▰ **原因分析：**

（1）烘干窑员工在可逆皮带运转时对托筒底部粉末进行清理，习惯性违章作业，是此次事故发生的直接原因。

（2）处室对车间安全操作管理松懈，未能及时掌控车间安全事故情况，对员工习惯性违章操作未进行有效监管，是此次事故发生的管理原因。

⚡▰ **防范措施：**

（1）加强巡检人员与主控工之间的联系，严禁皮带设备运转时进行清扫卫生作业，皮带现场设置警示标识，防止员工习惯性违章。

（2）车间制定员工现场作业安全培训计划，处室对员工作业安全行为进行监督检查，不断提高员工安全意识、安全操作技能和危险源辨识的能力。

（3）安全环保处、生产设备处定期组织员工对公司的各项安全管理规定和操作规程进行培训学习，从死角入手，强化对现场作业风险的监管。

（4）对烘干窑的可逆皮带进行改造，提高高度，便于清灰操作，防止出现粉尘污染现象。

事故启示　此次事故充分体现出员工作业不规范，安全意识淡薄，忽视安全操作，存在侥幸心理，冒险进入危险区域、部位。在以后的工作中，应规范作业行为，充分认识到机械所带来的伤害。

案例14　维修车间冲床挤压伤害事故

⚡▪ **事故发生时间：2011 年 1 月 15 日**

⚡▪ **事故地点：某电石厂维修车间**

⚡▪ **事故经过：**

维修车间当班员工操作冲床进行电极桶小筋板制作。当班员工在操作过程中取冲压好的工件时右手拇指前端被下落的冲床模具挤压，造成拇指受伤。

原因分析：

（1）维修车间制作组员工在操作冲床作业取加工好的工件时，脚部触动控制开关，致使冲床模具下落，是造成此次事故的主要原因。

（2）维修车间制作组员工在操作冲床时注意力不集中，致使自身误操作，是造成此次事故的间接原因。

（3）维修车间冲床控制开关器间接存在接触不良的情况，也是造成此次事故的间接原因。

防范措施：

（1）加强员工安全思想教育，增强员工安全生产的思想意识。

（2）加强员工安全技能的培训，提高安全生产技能。

（3）加强员工对安全操作规程的学习，自觉遵守安全操作规程。

（4）加强设备安全隐患的排查，及时对存在的安全隐患进行整治。

（5）基层管理者要对员工的表现和思想动态及时进行了解，避免因员工思想波动和情绪变化导致生产安全事故发生。

（6）加强设备维护巡检力度，确保设备正常运转。

事故启示　　此次事故，是一起典型的人员违反操作规程、设备带病作业而酿成的机械伤害事故。在以后的日常工作中应加强员工对安全操作规程的学习，自觉遵守安全操作规程，加强岗前 5min 隐患排查工作，避免设备带病作业。

案例15　维修车间卷板机伤害事故

事故发生时间：2012 年 3 月 4 日

⚡■ 事故地点：某电石厂维修工房

⚡■ 事故经过：

维修工序操作工 A 和 B 用卷板机卷制扁铁。因一次性卷制的扁铁过多，在扁铁卷至一半时发生倾斜，操作工 A 便放下卷板机操作手柄去扶扁铁，B 也上前帮忙扶扁铁。在扶正扁铁时，B 左脚踩在卷板机下辊上，被转动的卷板机挤压，经诊断为左脚软组织皮肤挫裂。

⚡■ 原因分析：

（1）操作工 B 违章操作，对日常制作扁铁过程中存在的风险辨识不到位，是造成此次事故的直接原因。

（2）操作工 A 作为一位老员工，发现 B 违章操作时未及时制止，且擅自离开电源控制岗位，带头违章操作，也是造成此次事故的主要原因。

（3）维修车间对员工转岗培训和安全操作法培训管理不严格，安排转岗仅两天的 B 上岗作业，是造成此次事故的管理原因。

⚡■ 防范措施：

（1）维修车间要在卷板机脚踏板区域设置警戒线，卷板机运行时，严禁任何人员进入，车间要加大执行和监督力度。

（2）由机械动力处牵头对维修车间各类制作设备操作规程进行重新修订，并下发车间进行学习，同时做好操作规程执行情况的监督检查。

（3）安全环保处要定期对维修车间各类制作设备防护设施完好性、操作规程执行情况、员工操作技能、安全用电、个人防护等进行检查，验证。

（4）维修车间要加强内部员工转复岗培训教育工作，转复岗人员培训考试合格后，方可上岗作业。同时车间要针对每台设备的不同特点，定期组织操作人员进行风险辨识培训，培养员工自觉遵章守纪的工作习惯，提高员工自我保护能力。

（5）各部门要制定本部门内部培训学习计划，组织员工学习岗位操作法、应急预案以及安全操作规程。同时，安全环保处每月要对员工学习和掌握情况进行两次专项检查。

事故启示　在今后的工作中，班组内继续通过学习安全事故及知识来达到行为警示和意识警惕，继续通过现场及严格安全管理考核制度去进行监督，遵守作业标准和规章，落实互保联保及监护人职责等相关保障措施及制度。

案例16　维修车间折弯机伤害事故

⚡ 事故发生时间： 2015 年 12 月 4 日

⚡ 事故地点： 某电石厂维修车间

⚡ 事故经过：

维修车间电极壳班组工作人员在使用折弯机进行筋板摆放架下料时，在第三块板条折弯成型后，左手在取工件过程中，由于左脚未离开脚踏开关，折弯机再次启动，造成其左手压伤。

⚡ 原因分析：

（1）工作人员在操作过程中违章操作，折弯机动作完毕后未将左脚离开脚踏开关，导致取工件过程中误操作，是导致此次事故发生的主要原因。

（2）车间安排工作不合理，工作人员转入本岗位仅两个月，对设备操作不熟练，车间针对危险性操作管理不严格。

（3）折弯机设备设计存在安全缺陷，操作踏板距离折弯机较近，易导致人员误操作。

（4）车间在日常管理过程中，操作规程培训不到位，对员工作业行为要求不严，未能对员工日常操作过程中的不安全行为及时制止和纠偏，并提出整改措施。

（5）维修车间日常管理不严，对班组私自加工小件物品未予以严格管控，班组作业随意性大。

⚡ ■ 防范措施：

（1）维修车间立即组织人员召开本次事故分析会。

（2）维修车间针对本次事故组织人员进行安全培训学习，加强员工在操作过程中对安全隐患的认知能力。

（3）公司对各个车间是否存在未转正员工独立上岗进行彻查，培训不合格或未转正人员，不允许独立上岗操作。

（4）机动处立即联系折弯机厂家，对设计缺陷进行整改，并举一反三，严查其他设备缺陷。

（5）维修车间监督器械使用的合规性，对每班工作量进行核定，严禁出现加工生产以外的小工件。

> 此次事故，是由于操作人员未按照折弯机操作规程执行，未对折弯机使用风险进行深刻认识。人员私自加工小工件，心态不平和，也是造成误操作的重要环节，公司各职能处室严查机械设备操作缺陷，立即整改。

案例17　电石炉净化二楼卸灰阀夹伤事故

⚡ ■ 事故发生时间：2019 年 5 月 12 日

⚡■ 事故地点：某公司电石炉净化二楼

⚡■ 事故经过：

炭材巡检工到现场巡检，发现箱式烘干主除尘卸灰阀处积灰不下，现场拆开卸灰阀上方检修孔清理积灰。然后，将清理出的积灰通过检修孔送入除尘灰仓（积灰通过卸灰阀排至气力输灰管道）。但是，清理积灰过程中，巡检工不慎将地面铁丝送入除尘灰仓，又担心铁丝卡死卸灰阀，便伸手去取铁丝，右手伸进卸灰阀上方瞬间就被运转的卸灰阀夹伤。

⚡■ 原因分析：

（1）巡检工违章作业，在清理卸灰阀上方积灰前未按要求对设备进行隔离。

（2）操作规程中要求操作方为巡检工和班长，但实际现场操作人员只有未转正新员工一人且炭材烘干装置操作规程中对卸灰阀上方积灰异常情况的操作步骤描述不详细。

（3）炭材烘干巡检工安全意识淡薄，自我保护意识差。

⚡■ 防范措施：

（1）电石厂《炭材烘干装置操作规程》中补充完善卸灰阀上方积灰异常情况操作步骤，并针对相关岗位进行培训学习，留存记录。

（2）箱式烘干主除尘卸灰阀上方安装振打器或喷吹管线，对现场所有除尘器卸灰处进行排查，对易积灰板结位置加装振打器等。

（3）对现场所有卸灰阀及其控制柜进行全面排查，建立台账，张贴醒目标识。组织相关岗位人员进行培训学习，留存记录。

（4）对新员工组织安规及操规培训。

（5）对事故责任人重新进行二三级安全教育，合格后上岗。

事故启示 此次事故，是作业人员操作技能不足，对岗位中存在的风险辨识不到位引起的。对转岗员工培训不到位，安全意识淡薄。在以后的工作中要加强员工安全培训教育，规范员工操作行为，提高异常情况的处理能力。

案例18 电石炉环形加料机机械伤害事故

⚡■ **事故发生时间：2014 年 6 月 18 日**

⚡■ **事故地点：某电石厂电石炉环形加料机**

⚡■ **事故经过：**

　　某电石车间 1 号炉巡检工在 4 楼巡检环形加料机时，发现 7 号刮板的调整拉杆断开，立即通知 2 楼中控工找维修工进行维修。中控工通知维修工到 4 楼去维修刮板拉杆，这时中控工去卫生间，将中控操作交给配电工，维修工与巡检工到达 4 楼环形机现场打开罩盖，配电工打开 7 号刮板，开始进行维修。这时，电工叫巡检工一起到 5 楼进行校秤，留维修工一人进行维修。之后，中控工回到主控室，配电工将中控操作交给中控工，并说明 5 楼正在校秤。电脑显示屏显示环形加料机 7 号刮板是打开的，中控工便按下操作按钮将 7 号刮板关闭。这时旁边净化中控工立即提醒说："快打开，有人在修刮板"，马上又将 7 号刮板打开。此时 4 楼维修工正在紧拉杆螺母，突然 7 号刮板向关闭动作运行，刮板推着维修工夹在环形机舱盖横梁处。

⚡▪ 原因分析：

（1）配电工与中控工相互交接不清楚，致使误操作，造成刮板夹伤维修工。

（2）维修工在维修刮板时，安全防范措施不到位，未断开环形机的刮板机动力气源。

⚡▪ 防范措施：

（1）组织相关人员进行事故分析，总结事故教训。

（2）组织机电人员学习检修作业流程及相关作业票据的规范填写申报；由安环处监督、检查落实。

（3）组织中控人员开展强化岗位责任意识培训，同时对电石炉操作工艺进行深入学习。

（4）车间管理人员明确责任，跟踪、检查、落实电石炉各项检修作业过程，重点检查安全防范措施落实执行情况。

（5）分厂、安环处、车间安全员及时跟踪、检查各项检修作业过程中的违章行为，严格执行检修作业规程，严厉考核违章人员。

事故启示　　检修作业过程中现场安全管控不到位，出现单人作业并且作业现场未配备监护人，出现紧急情况无人知晓。在以后的检修作业中，要加强现场监督检查及管控工作。

案例19　机修车间电机壳压力模具夹伤事故

⚡▪ 事故发生时间：2010 年 7 月 3 日

⚡▮ 事故地点：某电石厂电机壳车间

⚡▮ 事故经过：

电机壳车间开式固定压力机出现故障无法正常运行，维修工 A、B 对其进行检修时，导致 A 的左手被开式固定压力机模具夹伤。

⚡▮ 原因分析：

检修前，机械设备处于断电停止状态，但在检修安装过程中，由于双方相互配合不当，检修工作没有对接好，B 转动压力机连杆，A 对接模具头与模具腔，其左手扶住模具头上部，右手用铁锤敲击模具下部，使其对位，当模具头与模具腔敲击对位时，压力机连杆突然转动下滑，最终导致 A 的左手被开式固定压力机模具夹伤，经检查左手中指和无名指轻微受伤。

⚡▮ 防范措施：

（1）对新冲压工进行为期 3～6 个月的专业培训，考核合格后方可上岗操作，每次检修时要对检修人员进行一次安全教育。

（2）冲模安装调整、机床检修，以及需要停机排除各种故障时，都必须在机床启动开关旁挂警告牌。警告牌的色调、字体必须醒目，必要时应有人监护开关。

（3）检修人员要熟悉压力机结构、性能和使用条件。

（4）在检修工作中，检修人员要做好相互协调配合，要避免因协调不当而发生人身伤害事故。

案例20　电石炉净化工序翻板挤伤事故

⚡■ **事故发生时间：2015 年 7 月 9 日**

⚡■ **事故地点：某电石厂电石炉净化除尘**

⚡■ **事故经过：**

　　某电石厂二车间安排检修任务，对 6 号炉净化布袋仓进行检查，并开具了检修作业票。当天下午 16:30 由净化工带领巡检电工进行检修任务，在 6 号炉 4 楼更换净化布袋仓过程中，将 3 号布袋仓观察孔打开，由于之前布袋安装有松动，导致布袋从 6 楼仓顶掉至布袋仓底，造成 4 楼星形卸灰阀堵塞。3 人便打开 4 楼 3 号布袋仓观察孔准备将内部掉落的布袋取出，当打开观察孔后发现仓内积灰多，布袋停留在仓内无法下落，于是将星形卸灰阀、刮板机开启进行卸灰。18:15 左右，电工用自制的约 1m 长铁钩伸入观察孔往仓内送钩，送钩过程中有净化灰掉落在观察孔，看不到仓内情况，于是用左手拨观察孔积灰，在拨弄过程中手指被翻板挤伤。

⚡■ 原因分析：

（1）3人在清理仓内布袋时，因接触到转动设备被挤伤，是此次事故发生的直接原因。

（2）电石厂员工经常在卸灰阀运转的情况下，打开观察口进行清理掉落布袋及清灰作业，且相关车间、各处室对此行为未进行制止，也未制定传动设备检维修作业管理要求，致使此类习惯性违章行为长期存在，是造成此次事故的主要原因。

（3）未制定停送电管理规定，对于传动设备检维修停送电、启停作业随意，是造成此次事故的又一原因。

（4）在进行此项作业前车间虽开具了检修安全作业票，但在"风险分析和安全措施"栏中只填写了"劳保穿戴整齐"，并在票证背面安全措施第六项"禁止启动运转设备"栏填写"√"，暴露出车间在开具票证时未对风险进行认真辨识，未制定切实有效的安全措施，也未对票证中各项安全措施进行逐项落实，是造成此次事故的管理原因。

（5）电石厂检维修作业管理粗放，未制定检维修管理规定，对于此类作业也未按照电石厂下发的《危险性作业安全管理实施指南》和《关于开展工作前危害分析安全技术交底工作的通知》要求进行，未开展作业前危害分析，及制定安全检修方案或作业指导书，致使员工对现场存在的风险认识不足，是造成此次事故的重要原因。

⚡■ 防范措施：

（1）公司立即组织车间、处室员工对此次事故进行认真学习，并按照"四不放过"原则，开展自查自改工作，认真梳理工作中存在的管理盲点，完善作业管理制度和要求，杜绝类似事故的发生。

（2）电石厂技术设备处立即编制《检维修作业管理规定》《装置/设备开停车管理规定》和《装置/设备停送电管理规定》，规范检维修作业管理程序，完善检维修作业，由安环处负责落实。

（3）要求电石厂各处室、车间在进行各类非工艺操作或所有检维修作业时，作业前必须按照电石厂下发的《危险性作业安全管理实施指南》和《关于开展工作前危害分析安全技术交底工作的通知》要求，作业前进行危害分析，并制定作业安全方案，对于经常性危险作业根据危害辨识结果，制定安全作业指导书，作业前做好安全技术交底工作，相关人员必须在现场核实各项安全措施，方可实施作业。

（4）开展公司领导及技术人员参加的班组活动，各级领导和技术人员深入运转班组与员工一同分析岗位危害，辨识岗位存在的危险源，提高全体员工危害辨识能力和水平。

（5）各车间组织对属地内所有转动部位进行检查，做好各类安全防范措施，针对此次事故，各车间对所有卸灰装置进行检查，确认卸灰阀的正确转向。

事故启示　此次事故原因是检修作业过程中，对于作业票据安全措施未进行逐项落实，作业前未进行危害分析事故。在以后的工作中要明确设备停送电管理要求，规范停送电、设备启停程序，严禁未经允许私自开停车作业。

案例21　电石炉一楼出炉设备伤害事故一

⚡■ **事故发生时间：2012 年 8 月 16 日**

⚡■ **事故地点：某电石厂电石炉一楼**

⚡■ **事故经过：**

电石炉开眼出炉后，由于铁水较多，将第五个锅底烧穿，把第五个与第六个拉锅小车之间的连板烧断。班长安排出炉工去开柴油牵引车，把锅推回。

出炉工来到 2 号炉 3 跨，在未进入驾驶室前即开动了牵引车，用手操作油门（该车驱动采用手油和脚油控制）前进，牵引车在行进过程中，车体的左侧与 3 跨轨道旁边叠层放置的空锅锅沿发生剐蹭，将出炉工带入，夹在牵引车和空锅之间。

⚡▪ 原因分析：

（1）出炉工违规操作，人员未进入驾驶室开动牵引车，造成与电石锅剐蹭，人员被夹在牵引车和空锅之间，是此次事故发生的主要原因。

（2）车间安全教育培训管理混乱。未对牵引车操作人员进行专项安全培训教育，人员随意操作牵引车，没有规范要求。

（3）车间隐患排查治理不落实。隐患治理未按照"五落实五到位"要求落实，对长期存在的事故隐患视而不见，牵引车长期带病运行，一楼长期存在叠层放置空锅的安全隐患。

（4）班组风险辨识不到位，未对周围可能影响车辆通行的危险因素进行辨识。

（5）现场 5S 管理混乱，厂房内随处可见到处堆放的废旧材料备件，特别是 3 跨（维修场地）尤为严重。

⚡▪ 防范措施：

（1）强化安全生产教育培训。要认真组织开展日常班组安全教育，对重点岗位人员的学习和掌握安全操作规程情况进行考核，合格后才能上岗。

（2）夯实隐患排查治理工作。开展动态危险的辨识工作，及时消除现场存在的危险因素，加强危险防范。

（3）加强人员风险辨识能力。全员开展现场风险辨识活动，现场指导，现场辨识，员工做到心中有数，操作规范，风险可控。

（4）治理现场环境安全。车间每班必须将厂房内的杂物清理干净，物品的堆放不得妨碍人员正常作业。

（5）举一反三促安全。电石公司要吸取此次事故教训，对员工的工作职责和工作程序重新进行划分，坚决杜绝类似事故的再次发生。

事故启示　由于操作人员未辨识出现场作业存在的风险，未对叠放电石锅阻碍通行情况进行确认，在驾驶过程中人员图省事、心存侥幸等思想严重，造成人员伤害。

⚡■ **事故发生时间：2012 年 11 月 26 日**

⚡■ **事故地点：某电石厂电石炉一楼**

⚡■ **事故经过：**

电石车间停炉进行更换 1 号炉 3 号眼通水炉板工作，维修工配合天车工将炉板吊至 2 个出炉小车上，随后维修工将放置在出炉小车上的炉板从 1 号轨道的 3 跨推到 1 跨，在 2 号眼与 3 号眼弯道交接处，出炉小车发生掉道，此时，路过的维修工过来帮忙，在恢复小车架进入轨道的过程中，小车架上放置的炉板面积大且较重，移动过程中导致移位，将正在扶炉板的维修工右手中指挤伤。

⚡■ **原因分析：**

（1）检修过程中，现场无人监护，无统一指挥，操作现场混乱，员工无自我保护意识。

（2）维修工使用出炉小车运送炉板至 3 号眼的过程中，用 2 个小车支撑，在进入弯道时出炉小车架承载炉皮重量大，导致出炉小车无法正常转向，同时在 3 号眼弯道与 2 号眼直道交接处，导向轨未紧靠到位，出炉小车经过时掉道。

（3）维修工在恢复出炉小车进入轨道时，用手代替工具扶炉板，且抓扶的位置不是安全点，进行违规操作，导致右手被夹伤，安全意识淡薄。

⚡■ **防范措施：**

（1）电石公司立即组织人员进行本次事故分析会。

（2）电石公司针对本次事故组织人员进行安全培训学习，加强员工在操作过程中安全隐患的认知能力，在作业过程中做到互保监护，让员工做到安全生产。

（3）电石公司各个车间利用交接班，观察员工班前、班后的行为状况是否正常，发现员工状态异常，不允许上岗操作。

（4）各级管理人员要认真吸取事故教训，加强现场操作过程中的安全管理和监督，杜绝违章指挥和违章操作。

（5）安全环保处监督以上工作，并加强现场监督检查。

事故启示 由于操作人员未使用辅助工具，直接用手扶炉板，手放置的位置在两块炉板之间，炉板晃动造成手指夹伤，这就是俗称的"好心办坏事"，作业前一定要辨识清楚风险，做好防范措施。

案例23　电石炉一楼切割机伤害事故

⚡■ **事故发生时间：** 2013 年 8 月 26 日

⚡■ **事故地点：** 某电石厂电石炉一楼

■ 事故经过：

某电石厂动力车间员工借调到电石车间协助 1 号炉大修工作，当时 1 号炉开始吊装炉盖，两人根据安排切割绝缘板，用手持切割机切割第一块绝缘板，由于绝缘板硬度大，切割时绝缘板突然移动失去中心，顺势把切割机抬起，高速旋转的切割片挂到左大腿内侧膝盖上部，造成 3cm 左右的伤口。

■ 原因分析：

个人安全意识不足，防范措施不到位，切割绝缘板之前未进行绝缘板稳住、固定，在切割机高速旋转带动下，绝缘板移位，自身失去平衡酿成事故。

■ 防范措施：

（1）各分厂检修、制作时，先掌握使用工器具的安全稳定性，相互告知、相互监督。

（2）使用安全稳定性不确定的工器具一定有专人监护。

（3）各分厂组织工器具使用人员分析事故原因，学习此次事故教训。

（4）安全人员总结此次事故教训，今后将所有工机具列入日常监督检查项目。

事故启示

此次事故，是由于操作人员未辨识出现场作业存在物的不稳定因素，未对绝缘板发生位移造成的风险进行辨识，在操作切割机过程中人员麻痹大意、心存侥幸等思想严重，造成机械伤害。

案例24 电石炉一楼卷扬机伤害事故

■ 事故发生时间：2012 年 12 月 29 日

⚡■ 事故地点：某电石厂 16 号电石炉一楼

⚡■ 事故经过：

　　某车间 16 号炉丁班操作工 A 在操作卷扬机过程中，发现卷扬机钢丝绳在卷筒东侧堆积。在卷扬机未停止运行的状态下 A 用右脚蹬钢丝绳进行调整，在调整过程中不慎滑倒，钢丝绳将其右腿带入卷筒。在一旁打扫卫生的操作工 B 看到后立即跑到卷扬机操作台将其关闭，并通知班组其他人员将 A 抬出卷扬机。随即，车间及电石厂相关人员将 A 送往医院进行救治。

⚡■ 原因分析：

　　（1）操作工 A 安全意识淡薄，未能严格执行岗位安全操作规程，在卷扬机运行的情况下违章操作，用脚蹬钢丝绳进行导向调整，是造成此次事故的直接原因。

　　（2）车间风险管控不到位，虽对卷扬机机头钢丝绳缠绕偏离情况的处理进行了明确，但未从本质安全的角度，对机头处钢丝绳与滚筒啮合处做防护处理，是造成此次事故的管理原因。

⚡■ 防范措施：

　　（1）由安全环保处牵头、机械动力处配合，立即对各电石车间卷扬机加装防护罩，防止此类事故的再次发生。

　　（2）由机械动力处完善传动设备管理规定，并将操作及安全规程制作成提示牌悬挂至设备醒目位置。

（3）要求各车间班组通过班前、班后会认真学习岗位操作法，提高员工操作技能。

（4）要求各车间按照装置区域划分，对各相关岗位进行设备应急操作知识培训，提高员工紧急状态下的应急处置能力。

事故启示　此次事故，是由于操作人员未对卷扬机运转中存在的风险进行辨识，人员未停止卷扬机的情况下用脚蹬的方法调整钢丝绳位置，造成伤害，凸显出车间及班组日常操作不合规，现场人员熟视无睹，无人及时纠正错误。

案例25　电石炉一楼出炉机器人伤害事故

⚡■ **事故发生时间：2015 年 12 月 4 日**

⚡■ **事故地点：某电石厂电石炉一楼**

⚡■ **事故经过：**

电石厂 1 号炉 2 号眼使用出炉机带钎子过程中，钢钎从钢架孔脱落，出炉工 A 准备从出炉机后方绕过摆正钢钎过程中，由于炉台区域较为狭小，A 右手扶在出炉机末端准备绕过，此时，出炉机运行，电机末端归位时造成右手夹伤。

⚡ 原因分析：

（1）设备未断电，A 违章触摸正在运转的出炉机导致手指发生挤伤事故，是此次事故发生的主要原因。

（2）《电石装置潜在风险与预控措施》中对出炉作业风险辨识描述不全面，未包含使用出炉机过程中机械伤害风险辨识及控制。

（3）出炉机无"当心机械伤害"安全警示标志，不能给员工有效警示作用。

⚡ 防范措施：

（1）完善《电石装置潜在风险与预控措施》，强化员工对出炉机存在的风险辨识及控制措施培训。

（2）出炉机现场张贴安全警示标志"当心机械伤害"。

（3）禁止出炉人员在出炉机与钢构立柱间穿行，现场增加隔挡。

（4）结合此次事故，分析原因制定管控措施，对出炉岗位开展安全教育培训。

事故启示　　此次事故，是由于车间未对危险区域进行隔离，人员在出炉机运行状态下通行，并且手还触摸尾端，其他一楼人员未对违章穿行进行制止，职能处室未对出炉机操作规程执行、风险辨识、防范措施落实进行监督管理。

案例26　冷却厂房单臂卡伤害事故一

▶▶▶

⚡ 事故发生时间：2013 年 3 月 31 日

⚡▉ 事故地点：某电石厂冷却厂房

⚡▉ 事故经过：

一车间 2 号炉行车工在冷破厂房 2 跨起吊电石锅中的冷却电石坨，起吊过程中多次未能将电石坨准确吊起。同班行车工在旁边看到后过去帮忙并用手扶单抱钳，在抱钳夹锅位置还未调整好时，行车工就启动行车吊坨，致使另一名行车工的左手中指被夹伤。

⚡▉ 原因分析：

（1）行车工安全意识差，自我保护意识差，用手扶单抱钳进行违章操作。

（2）新员工驾车不够熟练，而且吊锅时无熟练行车工在旁边进行指导及监护。

（3）车间对行车工管理存在漏洞，行车工安全防护意识差，未做到"四不伤害"，违反行车操作规程。

⚡▉ 防范措施：

（1）电石厂各车间立即组织行车工对本次事故进行分析，安排技术人员对行车工操作技能进行再次培训，使行车工驾驶技术必须达到实际生产安全驾驶操作要求。

（2）电石厂各车间立即组织机修工对所有抱钳扶手进行检查修复，避免因工机具缺陷造成人员伤害。

（3）电石厂车间管理人员及行车工认真学习"天车工岗位操作规程"，并进行考试。

（4）电石厂各车间班组加强交接班的安全教育活动，规范交接班记录，必须将电石炉各危险作业区域安全注意事项向员工提醒并做如实记录，职能部门不定期检查。

（5）电石厂各车间主任、班长必须加强员工生产作业过程中危险源的辨识和学习，能够及时消除现场操作的危险因素，加强危险的防范与随时受控。

（6）电石厂安环处对以上措施进行监督、跟踪、检查、落实。

事故启示 通过学习安全事故及知识来达到行为警示和意识警惕，通过严格安全管理考核制度进行监督，遵守作业标准和规章，落实互保联保及监护人职责等相关保障措施及制度。

案例27 冷却厂房单臂卡伤害事故二

⚡▓ **事故发生时间：2012 年 7 月 25 日**

⚡▓ **事故地点：某电石厂冷却厂房**

⚡▓ **事故经过：**

某电石车间甲班天车工到天车下与丙班天车工进行交接，两人交接过程中，甲班天车工告知丙班天车工在出炉时部分电石流在地上，用卷扬机拉出后在轨道上未吊走，让丙班天车工帮忙吊完。丙班天车工上天车，由丙班（还未进行工作交接）出炉班长扶单抱钳（200kg），对轨道上的电石（电石重500kg）进行清理作业，由于单抱钳夹持位置不合适不能顺利起吊，出炉班长指挥丙班天车工将吊钩往下放，想放松夹钳重新夹持，但由于单抱钳已过放松角度，在接触地面后未能及时打开，再加上天车吊钩下降过多导致单抱钳脱钩倾倒，将出炉班长的左小腿部砸伤。

🔧 原因分析：

（1）出炉班长在指挥天车工吊夹电石时，由于夹持位置不合适不能顺利起吊，想放松夹钳重新夹持，但由于单抱钳已过放松角度，在接触地面后未能及时打开，再加上天车吊钩下降过多直接导致单抱钳脱钩倾倒将出炉班长左小腿砸伤。

（2）出炉班长在清理电石时对危险源辨识不清，指挥失误且自身站位不当。

（3）甲班和丙班当班大班长及当班主任日常对车间员工安全教育不够，没有对交接班过程中的遗留问题进行很好的跟踪，另外两班交接班程序混乱。

🔧 防范措施：

（1）各车间要加强对职工班前、班后会的安全教育，严格按照交接班程序进行工作交接。

（2）各车间还应加强员工对日常工作的危险源辨识和安全技能培训，提高全员的安全生产技能水平以及应急避险能力。

（3）各级管理人员要吸取事故教训，从思想上充分认识安全工作在生产中的重要性，先从自身做起，注重工作细节，在进行任何作业时必须确保操作规程的遵守和安全措施的落实，坚决杜绝此类事故的发生。

事故启示

此次事故是一起由于交接班不清楚，未按程序召开班前班后会，未对交接班过程中遗留问题进行跟踪造成的人员伤害事故。在以后的工作中应加强对班前班后会的监督管理，严格按照交接班程序进行工作交接。还应加强员工对日常工作的危险源辨识和安全技能培训，提高全员的安全生产技能水平以及应急避险能力。

第四章

起重伤害事故

三筒烘干窑起重伤害事故

⚡■ **事故发生时间：2013 年 3 月 20 日**

⚡■ **事故地点：某电石厂三筒烘干窑**

⚡■ **事故经过：**

电石车间 4 号三筒烘干窑下料溜槽因设计和安装制作问题，漏料严重，影响试生产。2013 年 3 月 20 日早晨，机械动力处专工 A 联系厂家，厂家因多种原因拒绝施工；9：30 左右，A 便临时安排运维车间对下料溜槽进行更换工作。

运维车间副主任接通知后，安排班长组织人员进行更换。随后，当班维修工 B 在车间办理动火、登高、吊装等作业票据时，原料车间设备员要求使用吊葫芦固定下料管。10：10，维修工 B 指挥吊车仅将下料溜槽与下料管间短节进行吊装固定，便开始短节割除作业。在作业过程中，运维车间技术员 A 对作业现场进行了现场确认，并在烘干滚筒下方二楼平台进行监督。12：10，在对溜槽与短节焊缝切割完毕后，短节上部料管突然滑落，将维修工 B 左腿砸伤。

⚡■ **原因分析：**

（1）运维车间维修工 B 对现场作业风险辨识不足，安全防范意识差，在接受完安全技术交底后，未按照交底要求用吊葫芦将下料管进行捆绑固定，导致下料管从三楼楼板处脱落，造成其左腿砸伤，违章作业是此次事故发生的直接原因。

（2）公司对临时性检修管控不严，在管理人员的口头要求和专业处室人员的临时组织下便进行检维修作业，未到作业现场检查和落实安全措施，现场作业未有效受控，是此次事故发生的管理原因。

（3）相关管理、技术人员未认识到本次作业潜在风险，对涉及高处、动火、吊装等多项风险较大的检修作业也未制定相应的检修方案、安全方案，是导致此次事故发生的另一管理原因。

（4）公司对未正式交接生产的设备检修职责划分不明确，项目遗留问题未有效督促施工单位进行限期整改，是此次事故发生的又一原因。

⚡■ 防范措施：

（1）对于临时性或安全施工条件较差的场所内的检修作业，检修部门要做好检修前的准备工作，提前组织作业人员在现场进行风险识别，并制定详细的检修方案、安全方案，最大限度地降低作业过程中的风险度。

（2）对于涉及高处、进入受限空间、吊装等多项风险大的检修作业时，要求机械动力处、生产技术处、安全环保处等职能处室必须在现场监督，属地车间负责人与作业部门负责人在现场进行安全技术交底工作。

（3）各车间组织对监护人员的安全专项培训，提高监护职能，要求属地车间安排的监护人员必须熟知现场作业风险。

（4）运维车间每月定期对检维修作业岗位人员开展作业风险辨识培训，提高作业人员安全防范意识和技能。

（5）由安环处组织下发《关于进一步明确项目施工作业安全管理责任划分的通知》，监督试生产车间严格执行。

（6）由安全环保处下发《进一步加强检修现场安全管理工作的通知》，对检修工作安全管控要求等进行明确。

（7）机械动力处牵头组织规范临时性检修作业，对检修职责、派工程序、检修前准备和检修作业现场监督工作进行严格要求。

事故启示

此次事故是由于车间未对危险因素进行研判，切割原有设备时，未对各部件的牢固性进行确认造成的。监护人站立位置不恰当，在施工过程没有发现危险，未起到警示作用。

案例29　冷却厂房起重伤害事故

>>>

🔋■ **事故发生时间：2012 年 11 月 26 日**

🔋■ **事故地点：某电石厂冷却厂房**

🔋■ **事故经过：**

　　车间炉前维修工 A 与 B 通知叉车司机将维修工房前一块厚 30mm 钢板叉至冷却厂房，两人用装车吊链捆绑一圈；B 便通知行车工将钢板调运至冷却厂房南侧靠墙处，因受行车限位影响，两人欲将钢板手推至南侧墙面。当时，B 位于钢板的左侧，见 A 位于钢板正面，便提醒其应站在侧面操作，但 A 不听劝阻，B 也未进一步制止，由于吊链捆绑不牢靠，钢板受力滑落，A 躲闪时被电石绊倒，钢板倒向北侧电石后弹起，将左侧胫腓骨砸伤，造成骨折。

🔋■ **原因分析：**

　　（1）车间炉前维修工安全意识淡薄、自我保护意识差，吊链仅绑了一道且未用铁丝将绳结固定，是造成此次事故的直接原因。

　　（2）车间疏于现场安全管理，安排工作未进行安全技术交底，对现场员工作业风险未能进行有效控制，致使作业现场处于无人监控状态，是此次事故发生的主要管理原因。

　　（3）车间未将炉前维修工纳入车间班组管理，由设备员直接监管，对炉前维修工日常监督管理、安全培训教育不到位，是此次事故发生的另一管理原因。

防范措施：

（1）车间将炉前维修岗位人员纳入班组管理，确保炉前维修工各项作业规范管理。

（2）安环处牵头组织对炉前维修工开展岗位安全知识培训考试，提高岗位人员安全意识和风险辨识能力。

（3）由机械动力处对吊装作业管理制度进行修订和完善，明确冷却厂房除电石吊装以外的作业必须开具票据。

（4）各车间对涉及吊装作业的岗位加强培训和检查，确保岗位人员熟练掌握吊装作业安全知识，严格执行吊装作业制度。

（5）加强对起重设备的管理，由安全环保处牵头，人事处、机械动力处配合在全公司范围内对起重设备完好状态、作业人员的安全作业技能及持证情况进行一次专项检查。

此次事故，是由于车间对行车使用范围没有进行约束，人员随意调用行吊，吊运钢板未使用吊耳或者钢板夹具，触犯了"十不吊"原则。

第五章

触电事故

案例30 原料车间石灰窑人员触电事故

⚡■ **事故发生时间：2014 年 2 月 25 日**

⚡■ **事故地点：某电石厂原料车间石灰窑**

⚡■ **事故经过：**

班长安排 A、B 负责整改 2 号石灰窑平台彩板房休息室照明线路，A 办理好检修票、停送电票、动火票和安全技术交底票，属地车间指派监护人到位后，A、B 开始对石灰窑休息室照明线路进行整改。作业开始前，A 到 2 号石灰窑三楼，未认真核实控制石灰窑休息室电源开关，误将控制上燃烧梁的照明电源 1 号开关当作原料休息室电源开关，断开 1 号开关后，用验电笔检测无电压，确认休息室电源线无电，B 未认真检查休息室电源线是否带电，用老虎钳子直接将电源线切断，造成短路并将左手背轻微灼伤。

⚡■ **原因分析：**

（1）石灰窑二楼休息室照明电源总开关标识不清楚。

（2）片区责任人在拆除休息室检修箱时，电源线未做标识。

（3）检修负责人 A 办理的停送电票据上停电的设备、开关未填写清楚，误将控制上燃烧梁的 1 号空开当作休息室的电源开关，断开后在原料休息室未对照明线路电源进行检查确认。

（4）B 在断线前，未对照明线路的带电状态进行确认，也未用验电笔对线路进行验电，直接将电源线切断造成短路。

（5）原料休息室照明箱电源、轴流风机、热风幕电源为同一个塑壳式断路器控制，未将两个设备安装独立的开关控制。

⚡■ 防范措施：

（1）各班组检修箱、配电箱，标识必须粘贴清楚。

（2）任何临时接电线路和拆除的线路，现场必须做好标识。

（3）停送电票据填写必须具体到现场控制的设备电源开关，所停的设备必须与停送电票据上填写的设备位号、开关保持一致。

（4）断电后，必须用验电笔、万用表、钳形电流表检测有无电流和电压，确认断电后进行作业。

事故启示　此次事故，是由于电仪车间未对开关做出标识，检修人员未按照停送电流程确认是否停电，属地监护人未进行停电后试起工作，电工未按照断线要求进行逐根切断，未严格执行"一机一闸一保护"措施，造成触电事故。

案例31　冷却厂房人员触电事故

⚡■ 事故发生时间：2009 年 9 月 4 日

⚡■ 事故地点：某电石厂化验室

⚡■ 事故经过：

低压工段 3 名电工在一期冷却厂房检修照明，因没有合适的灯泡，商议在原料工段协调一个，于是两人到原料工段与工段长和班长商议此事，不久就听到冷破厂房破碎工的呼喊声。低压电工听到呼叫后快速去了解情况，发现电工在 1 号行车上因私自拆卸行车灯泡已触电。低压电工迅速切断电源，并进行现场急救，后经抢救无效死亡。

⚡■ 原因分析：

（1）低压电工违章作业是发生此次事故的主要原因。

（2）低压电工自我安全意识淡薄，对电器设备危险源未做充分辨识，是造成此次事故的间接原因。

（3）防护用品穿戴不齐全，未采取绝缘措施，是此次事故发生的另一个原因。

（4）在进行操作时未按操作规程切断电源，且无人监护，私自操作，是此次事故发生的另一个主要原因。

⚡■ 防范措施：

（1）加强员工的安全教育，认识工作中存在的危险因素，提高员工的危险源辨识能力。

（2）在电气检修作业时必须将检修的设备断电后，经验电无电后方可进行作业。

（3）作业过程中必须一人作业一人监护，不允许单独作业。

（4）检修作业时必须按要求穿戴好劳动防护用品。

（5）作业各类票据必须一级级审核，经班组长或负责人对照票据的各项措施落实到位后进行作业。

（6）停送电程序必须严格执行操作规程。

事故启示　　此次事故充分体现出电工对带电作业危害不明，安全意识淡薄，属地监护人员未对作业现场人员进行监督，电仪车间日常培训工作未到位，检修人员未按照停送电流程确认是否停电，私自带电作业最终造成触电亡人事故。

案例32　维修车间人员触电事故　▶▶▶▶

⚡■ 事故发生时间：2008年10月20日

⚡▣ 事故地点：某电石厂维修车间

⚡▣ 事故经过：

维修车间低压工段长安排电工 A、B 到 1 号炉低压配电室，更换 1 号电容柜保险。主操手 A 在更换完保险后，用试电笔测保险上口电压时，不慎将试电笔的触头接触到 B、C 两相，引起短路，导致高博二线线路侧断路器跳闸，3 号、4 号炉配电室配电盘失压，紧急停电，造成 4 台电石炉停电 40min，短路所产生的电弧将 A 右手臂轻微燎伤。

⚡▣ 原因分析：

（1）员工 A 在用试电笔测保险上口电压时，操作不精心，不慎将试电笔接触两相电造成短路，是事故发生的直接原因。

（2）员工岗位业务技能较差，不能熟练操作，是引发事故的主要原因之一。

（3）员工的安全意识淡薄，未严格按照（操作规程）进行操作。

（4）班组、车间两级安全教育不到位，流于形式，没有真正落到实处。

⚡▣ 防范措施：

（1）车间，班组加强员工的业务技能培训，要切实做好"师傅带徒"工作，老师傅应当负起应有责任，让徒弟具备独立操作能力。

（2）车间要进一步加强员工日常安全培训教育。

（3）要求员工严格按照安全操作规程进行操作，做好作业现场监督管理工作。

此次事故充分体现出电工对带电作业危害不明，安全意识淡薄，电仪车间在新员工业务能力不强的情况下，老师傅未能起到带头作用，电仪车间日常培训工作未到位，操作人员日常训练不到位，对短路两相后果未引起高度重视，造成事故发生。

案例33　动力车间配电室人员触电事故

⚡▣ 事故发生时间：2013 年 12 月 22 日

⚡ 事故地点：某电石厂动力车间配电室

⚡ 事故经过：

12:15 左右，电石厂动力车间一期水气值班电工接到仪表工通知，2 号冷却塔喷淋泵停止工作，经检查发现 5 号控制柜缺相断路器故障，立即向电控班副班长汇报。并立即安排电工带上断路器配合监护进行更换，12:25 左右电工准备更换断路器，考虑到 5 号配电柜隔离刀断开，会使整个 2 号冷却塔风机全部停运，影响电石炉循环水冷却，造成电石炉管路升温气化，因此决定带电更换断路器。12:35 左右在更换过程中断路器突然爆炸放弧，电弧顷刻间将电工脸部及双手不同程度烧伤。水气检修工听到爆炸声，立即从隔壁电机室跑向配电室，把电工拉出以防止二次伤害。

⚡ 原因分析：

（1）当班电工在准备更换断路器时未开具相关电器检修作业票，属违章作业。更换时未对故障断路器相邻的断路器及接线端进行隔离，带电冒险作业酿成事故。

（2）当班班长在安排更换断路器工作时未与生产调度、安环处沟通联系，未采取正确工作流程，未开具检修作业票据，未向检修作业人员交代注意事项，安全作业。

（3）电工是新员工，入职时间不长，对电器作业存在的安全隐患认识不够，当班期间未真正起到监护作用，用电安全防范知识浅薄。

（4）动力车间对维修更换断路器认为是小事，从管理人员至员工思想麻痹，对维修更换断路器工作不够重视，对产生的后果没有预见性。

（5）动力车间对机电人员管理存在漏洞，检修工作流程不严谨，安全监管不到位。

（6）安全环保处、生产调度处在对此类影响到生产的电器检修作业缺乏系统有效的监督管理、相关制度不完善。

⚡■ 防范措施：

（1）动力车间立即组织车间机电人员进行事故分析学习，安排所有员工进行培训学习，让员工深深记住安全用电。

（2）电石厂各分厂立即组织培训计划，对所有员工进行安全用电知识培训，提高机电岗位技能。

（3）安环、调度、技术设备部门组织制定生产过程中事故防范措施，以及应急预案，并进行学习、实施预演。

（4）各职能部门联合组织对电石厂所有电工进行系统考试，对不适合电工岗位的坚决调岗。通过考核严肃电石厂各类送电、断电操作程序，责任明确。

（5）各职能部门联合组织对电石厂特种作业人员进行检查，做到持证上岗，并做出相应考核及人员调整，促进提高岗位安全操作技能。

此次事故充分说明电仪车间未能对断路器带电作业造成的危害充分研判，属地决定带电作业时未想到引起的后果，电仪新员工业务能力不强，老师傅未能起到带头作用，新员工操作不当造成断路器短路，发生断路器爆炸，造成人员及设备伤害。

第六章

灼烫事故

案例34　电石炉塌料灼烫事故一

⚡■ 事故发生时间：2013 年 2 月 7 日

⚡■ 事故地点：某电石厂电石炉二楼

⚡■ 事故经过：

　　某电石厂 5 号、6 号炉巡视工由中控室经 6 号炉楼梯口去 5 楼打扫卫生，巡视工先去 6 号炉 2 楼东南角去拿扫把。巡视工走到二楼摆砖处时通知当班仪表工 6 号炉开炉压，开度为 100％，在炉压打开的瞬间，电石炉二楼突然发生塌料，6 号炉炉内向外喷火，巡视工转身向 6 号炉楼梯口跑去，其中一人发现不对，立即躲在东南角水泥柱后避免了被烧伤。发生塌料后，当班班长立即通知仪表工将负荷降至 1 挡，并迅速赶往事故现场，当班长赶至楼梯口时，其中一名巡视工正帮另一名巡视工脱去被烧损的衣服。此次事故造成一名巡视工右手手腕、面部及后背轻度烧伤。

⚡■ 原因分析：

　　（1）经过调查，6 号炉当时负荷 20 挡，3 号炉眼正在进行出炉作业，巡视工私自通知仪表工开炉压打扫卫生，导致二楼料面塌料喷火，是造成此次事故的直接原因。

　　（2）班长对本班人员工作安排不当，监管、监护不到位。

　　（3）车间对危险区域作业管控不到位，巡检工安全防护意识淡薄。

⚡■ 防范措施：

　　（1）电石厂各管理人员应加强对员工生产过程中的监督和检查。

（2）电石厂重新对电石炉操作工艺进行梳理，完善电石生产工艺，对整理后的操作工艺进行张贴，让每个中控及管理操作人员熟练掌握，准确无误地进行操作。

（3）电石厂必须制定电石炉工艺操作相关规定，明确指定各车间、班组下达电石炉操作指令人员，形成制度，张贴公示，并纳入交接班制度内；班前班后会必须重申各班组下达指令人员名单。管理人员加大对电石炉工艺操作的监控，避免操作人员盲目操作，酿成事故，安全环保处将协同相关部门不定期进行检查。

（4）电石厂立即组织巡视工、仪表工进行电石炉生产工艺学习，安环处监督，要求员工彻底掌握电石炉生产工艺，提高巡视工危险区域的安全防范能力。

 **事故启示**　此次事故，暴露出了日常管理上的盲点和死角，我们要举一反三，制定、完善安全操作规程，加大现场监督和制度执行、落实力度，深入、细致地开展风险管理工作，落实整改措施，杜绝各类事故的发生。

案例35　电石炉塌料灼烫事故二

⚡■ **事故发生时间：2008 年 4 月 21 日**

⚡■ **事故地点：某电石厂电石炉二楼**

❖ 事故经过：

上午 10:50 左右，某电石车间 4 号炉甲班出完炉后。在 10:56 左右，4 号炉 2 号电极一侧突然发生小面积的塌料，散逸出的炉气从后面将一名离开现场的员工面部（耳侧周围）轻度烫伤。面部、肩、背部混合Ⅱ度烧伤。

❖ 原因分析：

（1）由于原料粉末率较大（石灰达到了 20.5%），造成炉面透气性较差，是事故发生的主要原因之一。

（2）电极的工作端长度较短，料层结构不稳定，再加入副石灰后，料层反应更为剧烈，也是事故发生的原因之一。

（3）料面工疏松料面和扎眼放气操作不彻底，未能及时将聚集的炉气充分排出，也没有引起现场人员（管理人员、操作人员）的重视，是事故发生的又一原因。

（4）原材料和炉况发生变化，车间领导未引起重视而及时进行调整，是事故发生的管理原因。

❖ 防范措施：

（1）电石车间要把好原料入厂、入炉的质量关。同时，分析室要做好原料的分析工作，为生产提供有效的参考数据。

（2）各车间现场管理人员的工作责任心要进一步加强，工作也一定要做细、做扎实。严格执行扎眼放气安全规定，扎眼操作可随时进行，要做到勤扎眼、扎透、勤撬料面，但必须保证扎眼操作的效果。同时，要真实记录扎眼时间，随时检查现场工作执行情况。

（3）现场管理者要严格执行各项规章制度，重点加强班组作业现场的安全管理工作。班组是控制事故的前沿阵地，是企业安全管理的基本环节，加强班组安全建设是企业加强安全生产管理的关键，也是减少工伤事故和各类灾害事故最切实、最有效的办法。每个班组在每日工作的开始实施阶段和结束总结阶段，应自始至终地认真贯彻"五同时"，即班组长在计划、布置、检查、总结、考核生产的同时，计划、布置、检查、总结、考核安全工作，把安全指标与生产指标一起进行检查考核，做到一日安全工作程序化。

（4）当生产原料出现异常情况后，各车间现场管理者要高度重视，并及时做出相应的调整，确保安全生产。

（5）加强全体员工的自我保护意识教育培训，切实提高操作人员的安全意识和操作技能。安全教育要针对性地开展，特别是对工作中的危险进行经常性的危险辨识及防范措施的培训教育，安全教育要贯穿于生产作业的全过程。

（6）要加强现场操作管理工作，产量较大时，电极的焙烧速度一定跟上，保证电极的工作端长度。

事故启示 通过此次事故的学习，教育我们必须加强工艺管控，严把原材料关，当原材料发生变化后，车间各级管理人员必须引起高度重视，强化生产工艺管控，杜绝类似事故发生。

案例36 电石炉塌料灼烫事故三

⚡■ 事故发生时间：2019年5月2日

⚡■ 事故地点：某电石厂电石炉二楼

⚡■ 事故经过：

凌晨0:12左右，陕西某电石厂2号电石炉停电，准备处理炉内料面板结。1:10左右，在处理炉内料面板结过程中电石炉发生塌料，导致高温气体和热灰向外喷出，致使现场作业的 20 名员工不同程度烧伤，其中 4 人抢救无效死亡。

⚡◼ 原因分析：

（1）企业安全生产主体责任不落实，存在违章指挥、违章作业、违反劳动纪律等问题（比如违规放水炮）。

（2）严重违反交接班管理制度，违规将两个班的工作人员同时安排清理料面，造成作业人员数量超标。

（3）现场作业人员没有按规定穿戴防护服及防护用具。

⚡◼ 防范措施：

（1）严格规范控制电石炉二层平台人数，坚决将平台作业人员控制在 3 人以内，彻底消除危险作业场所超员作业现象。

（2）推行电石机器人作业、自动测电极工艺等先进生产方式，实现行业危险作业环境无人化。

（3）加大安全培训力度，提高人员安全意识，提升人员反违章指挥、违章作业、冒险作业能力，做到不伤害自己、不伤害他人、不被他人伤害。

此次事故，造成员工伤亡，给伤亡员工家属带来了莫大的伤害，我们一定要吸取此次事故教训，认真分析原因，严格落实整改措施，各级管理人员杜绝违章指挥行为，严抓交接班，严格落实安全生产责任制，坚决杜绝此类事故的发生。

案例37 电石炉塌料灼烫事故四

⚡◼ 事故发生时间：2012 年 5 月 25 日

⚡■ 事故地点：某电石厂电石炉二楼

⚡■ 事故经过：

21:30 左右，某电石车间按计划联系公司调度对 9 号电石炉降负荷处理料面，经当班调度同意后，乙班值班长组织参与料面处理员工进行安全技术交底，并检查劳保穿戴情况。22:40，9 号电石炉负荷降至一挡，由 9 号炉乙班配电工谭某按照《料面处理作业指导书》要求，对三相电极进行上下活动，炉压稳定后，作业人员打开炉门检查炉内情况，观察无异常后人员撤离，由作业人员驾驶料面机翻撬料面，在处理 5 号炉门料面过程中，炉内发生塌料，高温炉气从炉门处喷出，将作业人员灼伤，事故发生后公司立即组织人员将受伤人员送往医院治疗。

⚡■ 原因分析：

（1）电石炉运行中受原材料、工艺操作、电流波动的影响，电石炉内形成熔洞，在翻撬料时熔池压力平衡被打破，部分高温气体从 5 号炉门喷出，是造成此次事故的直接原因。

（2）车间对料面处理作业细节管控不到位，思想上麻痹大意，安全意识淡薄，对炉内边角、死角部位处理不到位，致使炉面形成空腔，料面板结，处理料面过程中压力平衡被打破造成高温气体喷出，是此次事故的主要原因。

（3）车间 9 号炉炉况波动较大，反复停车处理，氢气含量连续超标，加上电极入炉不足，造成料面板结，这些问题并未引起管理人员重视，风险预判欠缺，未能及时进行调整，是造成此次事故的主要管理原因。

（4）生产技术处对车间工艺运行情况掌握不足，料面处置程序监管不严，对电石炉处理料面作业缺乏有效监督，是造成此次事故的管理原因。

⚡▦ 防范措施：

（1）电石车间加强料面处理细节管控，作业前必须先使用料面机处理后，根据情况再进行人工扒料，防止发生塌料伤人。

（2）料面处理周期各电石车间要判断氢含量、炉盖温度、底环或原件温度、空冷后温度是否在指标范围内，如有超出指标范围的立即联系调度处理料面，如果在指标范围内的电石炉可以延长处理料面的周期为两天一次。

（3）针对当前原材料质量问题，各电石车间要客观事实地分析原材料质量情况，采取切实有效的控制措施和办法，时刻关注原材料波动情况，避免原材料质量问题影响电石炉的安全稳定运行。

（4）安全环保处将阻燃服更换为耐高温（≥1000℃）隔热服和耐高温隔热面屏，并明确处理料面人员为 1 人，其余人员全部撤离，加强人员防护和人员数量控制。

（5）由机械动力处牵头对现有料面机的防护措施进行升级改造，加装隔热阻火驾驶室，防止塌料时炉气喷溅伤人。

（6）通过科技手段将现有料面机的控制系统技改为远程控制，避免作业时人员正对炉门，提高事故预防能力。

事故启示　此次事故，造成员工伤亡，给伤亡员工家属带来了莫大的伤害，我们一定要吸取此次事故教训，认真分析原因，严格落实整改措施，各级管理人员杜绝违章指挥行为，严抓交接班，严格落实安全生产责任制，坚决杜绝此类事故的发生。

案例38　电石炉塌料灼烫事故五

⚡▦ 事故发生时间：2010 年 6 月 3 日

⚡■ 事故地点：某电石厂电石炉二楼

⚡■ 事故经过：

0:00 左右，某电石车间 6 号炉更换完下料管绝缘及处理完料面后，按程序送电开车，凌晨 3:00 左右，电石炉负荷升至 8 挡，值班长王某与乙班巡检工 A、B 按程序打开炉门检查电极焙烧及料面情况，当三人检查完 1、2 号电极，打开 3 号电极侧炉门并站立在警戒线外观察电极时，突然发生塌料，炙热的炉气从炉门喷出，造成巡检工 A 下颌、右手手背烫伤，B 下颌左侧烫伤。

⚡■ 原因分析：

（1）操作人员安全意识不强，自我防护意识较差，在打开炉门观察炉况时，未按照操作规程要求佩戴齐全的劳保用品（未戴防火面罩、帆布披肩、棉手套），也未站在炉门的侧方向察看炉况，是导致此次事故发生的主要原因。

（2）车间现场管理人员未能意识到潜在的危险，自我约束能力不强，未按照安全作业规程执行；同时，对员工的日常操作行为监督管理松散，未及时发现并制止员工的违章作业行为，是此次事故发生的主要管理原因。

（3）开车后，由于炉温高，导致冷却水管汽化增压，水管接头胀开后，流出的水进入炉内，导致料面透气性差，在前边的料面处理不彻底、电极活动不到位，是造成事故的又一原因。

（4）公司对员工的安全培训不到位，使得现场管理人员、作业人员危险辨识能力、自我防护意识差，对员工操作安全防护监督不到位，是事故发生的又一管理原因。

防范措施：

（1）操作人员要严格执行公司各项规章、制度，在打开炉门观察炉况前，必须将负荷降至最低，同时，按操作法活动电极，处理料面要彻底，防止塌料；要加强培训，提高值班长的责任心和判断、处理非正常生产状况的能力；在巡检及作业时，未按要求佩戴劳保用品，禁止上岗。

（2）要加强员工的安全培训力度，各级管理人员深入现场对员工的岗位危险辨识能力和安全防范意识进行检查和培训；同时，开展以电石炉塌料为主题的防护应急演练，提高自我保护和应急逃生的能力。

> **事故启示** 严格执行规章制度和操作规程，是杜绝事故发生的基本要求，要不断加强员工风险辨识能力的提升，让员工明白作业过程中的防范措施。

案例39 电石炉塌料灼烫事故六

事故发生时间： 2007 年 7 月 10 日

事故地点： 某电石厂电石炉二楼

⚡▓ 事故经过：

10:10 左右，某电石车间 1 号电石炉 1 号电极附近发生小面积塌料，当班班长和炉长对整体炉况进行了检查，确定生产无异常，由料面操作工围料处理后关闭炉门。10:20 左右，2 号电极四周料面突然发生大面积塌陷，造成电石炉内高温炉气夹杂着炙热的生料和熟料从炉面推料孔喷溅而出，现场正在作业的料面操作工和补焊 3 号烟囱的维修工王某来不及躲闪被烫伤。

⚡▓ 原因分析：

(1) 电石车间各班组盲目追求产量，自 6 月 28 日起长时间在靠近 2 号电极一侧的炉眼进行出炉操作，致使 2 号电极附近电石炉料层破坏，料层温度过低，料层中黏结料板结，反应产生的大量炉气无法及时排出，炉气憋压至一定压力后而发生外喷、料层塌陷，是此次事故发生的直接原因。

(2) 1 号电极附近发生塌料现象，当班班长和炉长未从思想上引起高度重视，实际操作经验不足，对炉内料面层结构异常状况判断不准确，没有采取扎眼排气等预防措施；班组员工缺乏异常生产情况下的分析处理能力，是此次事故发生的主要原因。

(3) 采购入厂的石灰石粉末含量较高，因下雨，露天原料库储存的焦炭含水分较大，石灰和焦炭混合后，导致生产运行中电石炉内料层透气性差，产生的大量炉气无法及时从炉料中排出，造成炉内气体压力增大；电石车间未制定入炉前石灰灰分含量分析指标，并未对入炉灰分加以管理与控制。并且，五楼上料系统的振动筛振动频率太高，部分筛网被石灰粉末堵死，灰分不能有效地筛除，是此次事故发生的另一主要原因。

(4) 公司安全管理存在严重漏洞，对于员工岗位培训不过关、劳动防护用品质量差等问题监督管理不到位；公司内部安全管理粗放，管理人员职责分工不明确，安全责任不落实。

(5) 公司电石炉是半密闭型炉，但是操作规程使用的是全密闭电石炉操作规程，工艺控制指标均借鉴全密闭炉参数，公司没有根据半密闭炉操作特点对操作规程进行修订和完善，是此次事故发生的次要原因。

⚡▓ 防范措施：

(1) 加大对原材料的控制，从源头上减少石灰石粉末的含量；对五楼的上料振动筛进行改造，定期清理筛网，保障有效去除灰分。

（2）在焦炭存放场所新建防雨棚，防止雨季时焦炭水分含量增加，杜绝含水的焦炭与石灰颗粒接触后造成石灰灰分增大的隐患，并增设混合料灰分的分析指标，保证电石炉内料层的透气性。

（3）电石车间要根据电石炉实际生产情况，核定电石炉进料量和出料量，明确规定每班出炉次数和每次最大出炉量，尽快制定半密闭电石炉工艺规程，并依据工艺规程和实际操作经验，立即制定各岗位操作法，同时要建立健全电石生产各项安全环保制度，确保电石炉的安全、平稳运行。

（4）加强相关部门的沟通，积极借鉴管理先进部门在员工培训方面的宝贵经验，在现有安全教育的基础上不断完善安全教育的方式、方法，针对电石炉生产操作特点，对不同工种员工进行有针对性的安全教育，制定月度培训计划和考核办法。通过培训不断加强员工的安全操作技能，提高员工安全防护意识和异常情况下的分析处理能力，全面提升员工安全素质。

（5）进一步加强内部的安全管理，建立、完善班组、车间、公司安全环保管理体系，规范各车间、工序作业流程，督促各级员工严格遵守安全操作规程和环保规定，严格执行公司各项安全环保管理制度，各级领导干部要牢固树立"安全第一，以人为本"的观念，按照"管生产必须管安全"的要求，落实安全生产责任制，并结合本次事故在公司内进行一次全面的安全隐患专项治理整顿活动，积极查找管理死角和安全隐患，及时落实整改工作，切实保障安全生产。

事故启示　　此次事故，暴露出的问题触目惊心、教训深刻，给企业造成了较大的财产损失。在今后的生产安全工作中，我们一定要认真吸取此次事故教训，严格落实安全生产主体责任，强化安全管控措施，加大监督管理力度，加快本质安全改造升级，杜绝同类事故的再次发生。

案例40　电石炉塌料灼烫事故七

>>>>

⚡▌ **事故发生时间：2009 年 7 月 28 日**

⚡ 事故地点：某电石厂电石炉二楼

⚡ 事故经过：

凌晨 1:40 左右，某电石车间因 1 号电石炉炉面结块，1 号炉丁班的 5 名料面工进行翻撬料面作业，班长在一旁监督。2:15 左右，在 2 号操作面进行翻撬料面时，1 号电石炉 2 号电极周围料层突然发生塌料，部分高温炉气伴随着红料喷出，造成 6 名现场操作人员不同程度的烧伤。其中，一名料面工因抢救无效死亡，其余 5 名伤者中两人重伤、三人轻伤。

⚡ 原因分析：

（1）为了降低电石的生产成本，7 月 18 日公司经内部会议研究，决定调整电石炉入料配比进行实验，并于 12:00 左右下达生产调度令，将 1 号电石炉入料配比由 20%焦炭、80%兰炭调整至 100%兰炭。入炉配比调整后，电石炉连续出现炉况运行不稳，炉气增多，炉面不易控制的情况。7 月 26 日 5:30，根据电石炉的运行情况，公司将配比调回至 20%焦炭、80%兰炭的原配比。但是由于配比调整期间，电石炉内的料层已被破坏，电石炉炉底温度低，炉内红料增多，炉气积聚，料面频繁出现翻料、结块情况。尤其是随着电石炉的炉况恶化，电石炉的产量逐步降低，能耗大幅上升，出现出料不正常的情况。炉况不稳，炉内积聚大量炉气，致使在翻料过程中发生料面塌陷、炉气外喷，这是导致本次事故的主要原因。

（2）在调整原料配比后，炉况发生了变化，虽然提出了调整操作、加强扎眼等控制措施及要求，但在炉况恶化后，尤其是在事故发生前已出现塌料现象的情况下，没有及时果断地采取有效措施，改回原配比，加强料层调整、养护，降量生产，致使炉况进一步恶化，电石出料量急剧降低，炉面无法正常控制、操作，是造成本次事故发生的重要原因。

（3）进入夏季高温天气后，电石炉炉面周围环境温度较高，加之配比变化后炉面劳动强度增大，料面操作工在进行料面扎眼操作时存在工作不到位现象，造成炉气积聚，无法及时排出。虽然在调度会议上多次强调此项工作的重要性，但从检查扎眼、翻撬料面记录来看，车间存在对此项工作的落实、执行和监督检查不到位的情况，未能及时、有效地改善炉气状况。这是导致本次事故发生的次要原因。

（4）7月16日起，1号电石炉频繁出现漏水现象，存在的主要问题有2号挡火屏漏水、3－1铜瓦漏水、21－24侧盖板漏水、3号锥形环漏水、2号锥形环漏水等，部分漏水使得料面石灰粉化，加剧了炉面透气性变差，炉内多处漏水也是导致本次事故发生的原因之一。

（5）依据公司《工艺技术管理办法》相关规定，车间技术人员要根据原料的变化情况，及时提出修改操作条件的意见，同时职能处室负责根据公司制度要求，制定内部各类工艺管理制度并做好监督检查工作。因此，根据管理权限，公司调整原料配比，未向股份公司经济运行部报告。同时，自1号电石炉炉况出现异常情况后，也未向公司总调上报。

据公司总调的生产调度记录，自7月19日至28日，没有1号电石炉出现炉况异常情况的生产记载，但自原料配比调整后，1号电石炉的生产负荷逐日减低，单炉产量记录出现较大降低，对此生产变化，公司经济运行部未能引起重视，也未对生产异常现象进行处理。

电石炉单炉产量出现长时间大幅下降，炉况出现难以控制的异常现象，公司未将相关情况上报公司总调，公司总调也未对单炉产量的变化引起重视，工作中敏感性不强，存在管理不到位、管理粗放的情况，也是最终导致事故发生的原因之一。

🔧 防范措施：

（1）认真总结电石炉原料配比的安全生产经验。在原料配比、原料质量发生变化时，要及时组织各级技术人员，认真开展工艺操作、安全生产的风险分析，制定科学、合理、切实可行的生产计划、操作要点和安全防范措施，并加强对现场执行情况的过程控制和监督管理，发现问题，及时上报、及时处理。

（2）依据不同电石炉的安全生产特性，组织各级技术力量，修订、完善各项岗位操作规程。在修订过程中，广泛征求各级管理人员、操作人员的意见，并结合以往的安全生产事故教训，及时总结安全生产经验，规范各项生产作业的操作程序，细化异常情况的判断与处理，逐步完善岗位操作规程，并加强各级员工之间的培训与交流，提高员工对电石炉的安全生产认识和安全生产技能。

（3）针对电石炉的设备运行状况，各级管理人员提高认识，规范设备的检维修管理，加强电石炉相关生产设备的定检与点检，同时提高检维修工作质量，及时将异常情况消除在萌芽状态，避免影响安全生产。

（4）原材料的质量对电石炉的安全生产至关重要，某公司加强了对原材料的质量控制，加强对焦炭、兰炭、石灰的筛选，从源头控制抓起，保障入炉原料的质量，并加强炉况监控，及时调整生产操作，精心养护料层，确保电石炉炉况稳定、透气良好。

（5）要加强管理人员、技术人员和岗位技术员之间的沟通与交流，及时传递安全生产信息，共享安全生产经验，提高全员综合素质，并将好的经验、技术、措施制定成册，组织员工相互学习，形成部门良好的技术交流、共享平台。

（6）按安全生产的实际需求，加强工艺技术人员的培养与配置，逐步规范公司的生产管理和工艺管理，强化工艺技术和工艺纪律的控制。同时股份公司各职能部室也应加大对分公司的监管力度，协助公司规范各项安全生产工作，全面提高股份公司的安全生产管理水平。

事故
启示
　　此次事故，暴露出生产异常情况时，车间敏感性不强，生产管理不到位、管理粗放的情况，为杜绝此类事故，应制定科学、合理、切实可行的生产计划，完善岗位操作规程，加强对原材料的质量控制，强化工艺技术和工艺纪律的控制。

案例41　电石炉塌料灼烫事故八

⚡■ **事故发生时间：2017 年 2 月 12 日**

□■ 事故地点：某电石厂电石炉二楼

□■ 事故经过：

23：00 左右，某电石事业部三车间 5 号炉三工段一班当班操作人员，发现净化器内炉气中的氢气含量突然增大（浓度 17.8％，《电石生产安全技术规程》要求控制在 12％以下），便采取停电观察处理，并将循环水阀门关闭 1/2。23：22 左右，氢气含量下降，当班操作人员随即继续送电生产。12：00，一班、四班进行了交接班。

2：45 左右，四班班长和操作工甲、巡检工丁、巡检工戊、巡检工庚 5 人对电石炉内进行检查，未发现炉内有异常情况，遂按照正常程序通知出炉工到二楼处理料面。2：49 左右，出炉工丙、出炉工乙、出炉工辛等 5 名出炉工来到二楼，打开炉门用"堵子"（专用工具）处理料面。在这期间，操作工甲和巡检工丁、巡检工戊对水分配器 204 号循环水管线路准备扎高压空气管进行反吹。

2：59 左右，5 号电石炉内的积水与炉内高温熔融物接触反应，造成大量高温熔融物和反应产生的气体突然从炉门喷出，将现场 10 名作业人员烫伤，造成 2 人死亡、3 人重伤（烧伤面积分别为 95％、85％和 15％）和 5 人轻伤，直接经济损失 420 余万元。

□■ 原因分析：

（1）5 号电石炉（事故电石炉）内水冷设备漏水，料面石灰遇水粉化板结，料层透气性差，形成积水；现场作业人员停电处理炉况期间，积水遇高温熔融物料导致电石炉喷料，造成操作人员严重灼烫。

（2）企业隐患排查治理不落实。隐患治理未按照"五落实五到位"要求落实，对长期存在的事故隐患视而不见，电石炉带病运行，炉内长期存在漏水的事故隐患，公司未及时维修保养。

（3）企业安全教育培训管理混乱。公司电石事业部未建立安全培训教育计划、日常培训记录、外来临时作业人员培训台账；三级安全教育卡存档混乱，缺失严重；班组培训计划与实际执行内容不符；特种作业操作证管理不善，有相当一部分特种作业人员无年度复审记录；考核上岗把关不严，考核成绩造假。

（4）企业安全生产规章制度及操作规程落实不到位。本次事故中上一班次已经发现炉内漏水，但交班后也未引起当班人员重视，没有及时停炉检修，排除故障，冒险继续生产，班长和炉长操作随意，未严格执行操作规程。

（5）企业应急救援能力不足，措施不当。生产现场配置的急救设施、消防设施，存在维护不当、过期失效问题，消防站配置的消防车辆以及应急抢救装备数量、品种不全。现场应急救援处置混乱，事故应急救援不力，现场处置措施不当，发生事故后企业负责人未通知企业消防队，延误了伤员抢救的最佳时间。

（6）企业生产设备设施自动化程度低，技术落后。没有做到电石炉机械化换人、自动化减人，未装备"智能出炉机器人"和自动化程度高的"处理料面机"等新装备，只能使用大量的人员操作，致使事故发生时人员大量伤亡。

⚡ 防范措施：

（1）提升化工和危险化学品企业的本质安全水平。电石生产企业要加大安全投入，装备自动化控制系统，淘汰落后的生产工艺、设备。逐步实现重点监管危险工艺和高风险岗位的机械化、自动化，有效降低安全风险。

（2）强化异常工况处置。制定完善并严格落实安全操作规程，操作规程中要包括异常工况的应急处置预案。要装备自动化控制系统，对重要工艺参数进行实时监控预警，及时研判发生异常工况的原因并及时处置，避免因处置不当导致事故。

（3）切实加强设备完整性管理。要建立并不断完善设备管理制度，强化设备安全运行管理，电石企业要加强对电石炉水冷却系统中水冷套的烧损情况、电极的入炉深度、绝缘是否完好等情况的安全检查，严格执行设备检维修制度，防止电石炉发生事故。

（4）强化安全生产教育培训。要认真组织开展"三级安全教育"和日常班组安全教育，对相关人员学习掌握安全操作规程情况进行考核，考核合格后才能上岗。

（5）完善安全生产应急管理。企业要高度重视安全生产应急管理工作，根据岗位工作实际，制定操作性强的现场岗位处置方案、应急处置卡片。要定期组织演练，检验预案的实用性、可操作性，应急处置中做到准确研判，杜绝盲目处置；要对氢气、氧气、一氧化碳在线气体分析仪等气体报警装置定期进行检测校验，确保监测数据准确。DCS监控系统发生氢气、氧气高报及高高报声光报警时，要严格依据操作规程进行处理。

事故启示

此次事故，给员工生命财产造成了重大损失，给伤者及家属带来了身心的痛苦。我们要通过总结吸取事故教训，在今后的工作中落实安全生产责任，强化安全生产措施，加强监管力度，坚决杜绝此类事故的发生。

案例42 电石炉塌料灼烫事故九

■ **事故发生时间：2015年6月17日**

■ **事故地点：某电石厂电石炉二楼**

■ **事故经过：**

6月15日10:16，电石车间10号炉开炉送电，6月17日3:50左右，电石炉三相电极电流提升至 48～52kA，主任助理安排三名巡检工至三楼半放料，主任助理和值班长到电石炉二楼观察炉况，3:57 巡检工打开 1 号料管和 3 号料管放料；放料 10s 后，打开 2 号料管放料的同时，10 号炉炉内发生闪爆，炉内喷出的热浪将二楼观察炉况的二人烫伤。

⚡■ 原因分析：

（1）电石炉电流较大，熔池温度较高，已将炉底积存的电石熔融，大量冷料进入熔池形成骤热，温差急剧变化，能量瞬间释放产生闪爆，是导致此次事故的直接原因。

（2）事故责任人在电石炉放料过程中，未按照开炉方案中依次少量放料的要求安排放料人员操作，观察炉况时劳动防护用品穿戴不全，违规冒险作业，是造成此次事故的主要原因。

（3）车间管理人员未遵守公司会议中："在放料时将炉门关闭，人员撤离，防止闪爆"的会议指令，随意改变电石炉开炉方案，管理人员开炉技能欠缺，在电石炉投料等重大操作步骤时车间主要领导未到场指挥生产，是导致此次事故的管理原因。

（4）公司生产、技术、安全等职能处室等对新开炉中存在的风险描述不清，操作步骤和工作要求不明确，作业时未到现场进行指导和帮助是造成此次事故的管理原因。

⚡■ 防范措施：

（1）各处室对下发的方案要做到有跟踪、有落实，对随意更改生产方案的严肃处理。

（2）各车间严格执行公司下发的生产方案，对生产过程中出现的异常情况，要第一时间上报，并严格按照公司要求落实执行。

（3）在涉及开、停炉，电极焙烧等生产变化时，生产处、技术处要靠前指挥，密切关注生产动态，及时发现问题、处理问题。

（4）安全处对涉及危险性较高作业，对劳防用品的佩戴进行严查，发现违规人员严肃处理。

（5）各车间在发现异常情况时，采取停电措施，后续根据检查情况，报请公司同意后，采取其他措施恢复生产，严禁私自更改公司方案。

案例43 电石炉塌料灼烫事故十

⚡■ **事故发生时间：** 2014 年 10 月 23 日

⚡■ **事故地点：** 某电石厂电石炉二楼

⚡■ **事故经过：**

12：00 左右，7 号炉降负荷至 1 挡，从二楼加石灰调整炉况。副主任站在二楼中控室门口指挥，班长在二楼吊装口从一楼吊石灰上二楼。当时炉子旁边温度较高，巡检工在加灰加到最后一个炉门的时候，把工装外衣脱了放在中控室，继续加灰，就在此时，1 号电极处塌料，一股热气从 1 号炉门口喷出，巡检工躲闪不及，右臂被烫伤。

⚡■ **原因分析：**

（1）7 号炉巡检工自我保护意识差，违章作业，在二楼危险区域操作时将工作服脱掉作业。

（2）7号炉1号电极料层有空洞，在加石灰后重量随之增加，压垮料层，造成小的喷料。

（3）7号炉在二楼加石灰作业过程中，现场管理人员未能对违章作业行为及时制止，管理人员安全意识差，现场安全作业管理直接缺失，未能履行"四不伤害"职责。

⚡ 防范措施：

（1）电石各车间立即组织管理人员、班组进行电石厂安全禁令的学习宣贯，各管理部门长期重点检查落实班组交接班过程及生产操作过程对《电石厂生产现场安全禁令》的执行情况。

（2）各车间利用培训计划，重点对以往安全事故案例进行培训学习，反复进行，做到现场令行禁止。安环处严密进行跟踪监督，车间、班组利用交接班落实电石炉工艺操作安全红线规定，设备、设施检修维护工作票制度要严肃执行，全员动员起来对安全防范措施进行有效跟踪、监督、落实。

（3）电石各车间，二楼处理炉况时必须第一时间向生产调度提出申请，要由值班主任在现场监控整个处理过程，严格按安全操作规程要求作业，同时做好相关记录。

（4）安环处、调度处、技术设备处、综合处对日常安全生产跟踪、监督、检查到位，相关管理制度落实到车间，加大执行力度、加大考核力度，使现场不安全行为、因素能够及时消除，协助各车间做好安全生产工作。

事故启示　　此次事故，暴露出现场作业人员安全意识差，未严格按安全操作规程要求作业，为杜绝此类事故，应加强岗位人员安全培训，落实管理制度执行，加大监督处罚力度。

案例44　电石炉塌料灼烫事故十一

▶▶▶

⚡ 事故发生时间：2010年12月11日

⚡■ 事故地点：某电石厂电石炉一楼

⚡■ 事故经过：

某电石车间 6 号炉乙班 19:30 打开 3 号炉眼出炉，19:45 电石淌至第四锅时，电石炉料面出现大塌料情况，大量灼热的气体和火焰随熔融状态的电石从出炉口喷出。正在清理 3 号炉舌的出炉工因躲闪不及，灼热气体和火焰使其脸部、右耳处轻度烧伤。

⚡■ 原因分析：

（1）电石炉出炉时炉内出现塌料情况，大量灼热的气体和火焰随熔融状态的电石从出炉口喷出，来势突然而且范围较大，是造成此次事故的直接原因。

（2）电石炉入炉原料（兰炭）的水分含量一直较高，造成电石炉操作困难，冶炼和出炉过程中频繁出现大塌料情况，是造成此次事故的间接原因。

（3）出炉工安全意识淡薄，安全操作技能不熟练，对电石炉出炉过程可能出现的危险未能很好辨识，是造成此次事故的直接原因。

（4）当班副班长作业组织不合理，安排新员工从事熟练程度要求较高的作业活动，是造成此次事故的间接原因。

（5）当班值班领导三车间副主任未及时发现管理区域内作业组织不合理（安排新员工从事熟练程度要求较高的作业活动），是造成此次事故的间接原因。

⚡■ 防范措施：

（1）加强员工安全教育，提高员工安全意识和安全操作技能，尤其是对危险源的辨识能力和作业中自我安全防护意识。

（2）立即对各电石炉车间进行排查，不得安排新员工从事熟练程度要求较高的作业活动。

（3）加大对电石炉入炉原料（兰炭）水分的控制，发现入炉原料不合格的情况要及时告知管理人员和作业人员谨慎操作。

（4）作业组织要合理，作业过程中注意新老员工要搭配。

 **事故启示**　此次事故，暴露出生产异常情况时，车间敏感性不强，生产管理调整不及时。为杜绝此类事故，应加强员工安全教育，提高员工安全意识和安全操作技能，进一步规范生产操作，合理安排人员分工。加强对原材料的质量控制，强化工艺技术和工艺纪律的控制。

案例45　电石炉喷料灼烫事故一

⚡■ **事故发生时间：2014 年 3 月 12 日**

⚡■ **事故地点：某电石厂电石炉一楼**

⚡■ **事故经过：**

23:10 左右，电石二车间 6 号炉炉前工在炉台上进行封堵炉眼操作，使用三个泥球将炉眼封堵完毕后，炉前班长安排人员用六棱刚钎清理炉嘴上堆积的电石，在清理过程中，炉眼处突然喷出炉气，将清理炉舌的3人脸部、颈部不同程度烫伤。

原因分析：

（1）泥球堵炉眼不牢固，炉眼内炉气喷出，造成作业人员烫伤，是此次事故的主要原因。

（2）电石炉负荷高，出炉频次未跟上（当时由于小车掉道），出炉过程中炉内电石未出干净。

（3）处理料面不彻底，造成料面透气性差，液体电石流量大，出炉时间短，使用泥球封堵不牢固。

（4）当班人员对电石出炉工艺操作含糊不清，班长对电石炉况运行与出炉操作把控不准确。

（5）当班出炉人员自我保护意识差，上衣领口未扣，防火披肩未戴。

防范措施：

（1）分厂、车间立即组织各班长、人员进行此次事故的分析与学习。

（2）分厂、车间组织各班长进行电石炉运行工艺操作与出炉安全操作培训，让各人员真正认识炉体运行工艺与出炉操作相结合的重要性。

（3）车间主任亲自严把电石炉料面处理，监督各班组及时出炉，加强堵眼等各项操作的规范性。

（4）分厂立即组织将电石炉各项工艺指标及安全操作规程和各项处置预案上墙张贴。

（5）分厂、车间必须严查班组交接班情况，交接班记录中要体现安全防范重点的交代及各项工艺操作执行情况，重视安全操作。

（6）车间对出炉设施的维修要及时到位，特别是出炉轨道，以确保出炉小车安全运行。

（7）分厂领导着重检查日常班组及管理人员的工作内容与执行情况。

（8）调度处组织人员监管电石炉各项工艺操作管理。

（9）安全环保处加派人员对现场严查"三违"行为，并监督检查以上各项措施的落实情况。

事故启示　此次事故，虽然未造成亡人事故，但从事故中应该明白提高员工安全意识和岗位操作技能培训的重要性，设备的维护保养也是安全生产的重中之重。我们要强化安全生产措施，杜绝三违行为的发生，加强监管力度，坚决杜绝此类事故的发生。

案例46　电石炉喷料灼烫事故二

⚡■ **事故发生时间：2011 年 4 月 2 日**

⚡■ **事故地点：某电石厂电石炉一楼**

⚡■ **事故经过：**

　　20:34 左右，某电石车间 1 号炉甲班在 2 号炉眼出完料时，因当时炉气大，致使炉眼难堵（班长在进行两次堵眼操作后仍未完成堵眼）。当值班长见此情况，将班长手中的堵头接过准备进行封堵炉眼操作。正当值班长把堵头放进炉眼试探炉眼位置时，2 号炉眼瞬间喷出大量高温炉气，将值班长右面颊及右手腕处轻微燎伤。

⚡■ **原因分析：**

　　（1）当值班长进行探炉眼位置操作时，对炉眼封堵及出炉情况分析、判断不准确，是发生此次事故的直接原因。

　　（2）2 号炉眼维护状况不好，开炉眼和堵炉眼操作人员发生更换，泥球封堵时不易找准炉眼，是此次事故发生的主要原因。

防范措施：

（1）车间要加强炉眼封堵管理，充分做好出炉前的各项准备工作。在炉压高、三个泥球未能将炉眼堵住时，要停止封堵炉眼操作，进行维护炉眼操作，待电石流速变小、炉压降低后，再进行堵眼操作。

（2）各班组要指派专人进行开炉眼作业，维护好炉眼位置，确保炉眼便于封堵。

（3）车间要做好员工出炉操作技能培训工作，确保出炉员工能够熟练掌握开炉眼及封堵炉眼的操作方法，切实提高员工的实践操作能力。

（4）各电石车间要组织班组员工学习、讨论此次事故，举一反三，查找自身工作中的不足。

> 事故
> 启示　　认真吸取此次事故教训，在作业人员发生变化后，必须认真交接生产情况，严禁盲目操作。

案例47　电石炉喷料灼烫事故三

事故发生时间：2013 年 7 月 10 日

事故地点：某电石厂电石炉一楼

⚡■ 事故经过：

　　某电石车间 13 号电石炉在中班生产过程中出现电石炉电流波动现象，晚班员工接班后，电石炉电流仍然波动较大，当班人员及时报告车间相关管理人员，车间安排当班人员进行出炉处理，并要求加强监控。23：00 左右，当班人员继续对 13 号电石炉进行出炉作业，23：18 左右出至第六炉第 5 锅时，该电石炉出炉流速骤然降低，班长便安排 3 名出炉工对炉眼进行疏通，在疏通的过程中，3 号电极周围突然发生塌料，电石炉内的电石红料及高温炉气从 3 号炉眼喷出，三名操作人员立即撤离作业平台，其中一名作业人员在撤离的过程中因躲闪不及被喷出的电石红料及高温炉气将其背部、腿部等部位烫伤。

⚡■ 原因分析：

　　（1）由于电石炉运行过程中电流波动较大，电极电流、功率因数等主要指标在运行过程中出现波动，造成电石炉炉内料层结构不能够稳定运行；电石炉在出炉过程中，电极下方形成了空腔，岗位人员在进行疏通炉眼操作时，电石炉熔池内的压力平衡被打破，发生塌料，炉内高温炉气夹带炙热红料从 3 号炉眼处喷出，造成人员灼伤。

　　（2）根据调查，13 号电石炉生产的电石发气量偏低，车间管理人员便根据电石炉的运行情况调整原料配比，由于原材料配比在调整过程中不够及时，造成 13 号电石炉长时间出现电流波动大的现象，由正常值 83～85kA 波动到 87～90kA，车间得知情况后，未意识到风险的存在，仍然按照常规电流波动的情况进行处理，最终导致了事故的发生，是导致本次事故的管理缺陷之一。

　　（3）电石厂缺失异常情况的报送流程和管理秩序，在出现异常情况后，车间未及时将异常情况报送分厂相关部门和领导，分厂相关处室未能够及时监控到异常情况的存在，对车间调整原材料配比和工艺指标管控不严谨，只是车间内部按照分厂的要求自行调整原材料配比及工艺指标，出现异常情况后未深入查找电流波动的原因，也未针对存在的异常情况采取切实有效的应急防范措施，是导致本次事故的管理缺陷之二。

　　（4）根据调查，应急管理工作存在不足，对电石炉炉眼喷料及塌料均未制定具体的应急预案或应急处置措施，在日常的应急演练过程中缺乏对员工的应急逃生和自保自救方面知识的培训，也未组织开展炉眼塌料和喷料事故下的应急处置演练，是导致本次事故的管理缺陷之三。

　　（5）虽辨识出了电石生产过程中的相关危险源，并制定了具体的预防措施，但是在风险识别和危险源辨识中未对电石炉电流波动大、炉眼喷料及出炉过程中所存在的风险进行识别，也未制定具体的应对防范措施和应急预案，导致发生类似事故后无法有效地应对和防范，是导致本次事故的管理缺陷之四。

（6）岗位新员工较多，员工缺乏操作经验，异常情况的警惕性和预防性不够，在发生塌料时，未能选择正确的逃生路线和躲避方法，导致员工在应急逃生的过程中被烫伤。

（7）使用的原材料长期存在水分、颗粒度、粉末等指标不合格的情况，指标的不合格影响到电石炉炉况的稳定运行，容易导致电石炉的电流波动及塌料现象，是导致事故的间接原因。

⚡■ 防范措施：

（1）进一步查找电石生产过程中电流波动大的原因，深入分析问题根源所在，加强电石炉稳定运行管理，制定具体的防范措施，对异常情况要果断采取处理措施，坚决杜绝"抢生产、超负荷"的生产行为，切实保证电石炉的安全稳定运行。

（2）要加强异常情况的判断和管理，提升管理人员异常情况下分析问题和处理问题的能力，在生产不稳定的情况下，要及时果断采取降负荷、处理料面、调整炉料配比等措施稳定炉况，对暂时无法处理的异常问题要及时果断地采取降负荷、断电停炉等有效应对措施，避免事故发生。

（3）进一步明确异常情况的上报程序，分厂要严格控制和及时掌握电石炉炉况的运行，要进一步明确和规范原料配比、工艺指标的调整秩序和程序，需要调整时必须报生产处进行审核，严禁车间管理人员随意调整工艺指标和原料配比。

（4）加强危险源辨识和识别工作，进一步识别电石炉运行过程可能存在的各类风险，制定具体的防范措施，认真组织员工进行学习，对存在较大风险的危险源要制定相应的应急预案或应急处置措施，并组织员工进行培训和演练，保证异常情况的有效应急处置。

（5）针对新员工多的特点，要进一步加强员工安全知识培训，进一步提高员工异常问题的处理能力，对操作随意性大、操作频繁的岗位或作业步骤，制定出具体的操作作业指导书，进一步明确操作步骤，规范员工作业行为和作业步骤，并认真组织员工学习，保证各类作业行为的规范。

（6）针对电石炉运行特点，要求电石厂进一步明确员工的应急逃生路线，做好现场的警示标识，同时要加强员工自身应急逃生和自保、自救能力的培训教育工作，在异常情况下员工能够正确选择逃生路线，避免和减少人员伤害。

（7）要进一步加强电石炉本质安全及附属安全设施的配备，在出炉挡火屏上加装防护门，各车间对挡火屏防护门使用开展专项培训，提高员工出炉操作的安全系数，进一步实现本质安全。

（8）针对当前原材料质量问题，电石厂要客观事实地分析，采取切实有效的控制措施和办法，加强原材料烘干工序管理，同时加强入炉前原材料质量检测分析工作，时刻关注原材料波动情况，避免原材料质量问题影响电石炉的安全稳定运行。

事故启示 此次事故，暴露出管理人员对生产中的异常情况未能引起重视，盲目追求产量，未能及时消除生产隐患，新员工各项技能较差，车间应急演练流于形式。我们要认真吸取事故教训，强化责任意识，加强员工培训，制定切实可行的防范措施，杜绝和预防各类事故的发生。

案例48 电石炉喷料灼烫事故四

⚡■ **事故发生时间：2014 年 8 月 9 日**

⚡■ **事故地点：某电石厂电石炉一楼**

⚡▨ 事故经过：

00:10 左右，电石厂四车间 16 号炉甲班出完第一炉，班长带领出炉工进行堵眼，在堵完第一个泥球后，出炉工用托泥板送第二个泥球，用堵头往炉眼内推，在推泥球时用力过大，瞬间气浪夹杂电石溶液向外喷出，出炉工躲闪不及，造成身体不同程度的烧伤。

⚡▨ 原因分析：

（1）电石厂四车间当班堵炉眼泥球湿度大，第一个泥球堵眼时未堵扎实。

（2）电石厂四车间当班出炉工在堵第二个泥球时用力过猛，造成喷眼。

（3）电石厂四车间当班出炉人员自我保护意识差，阻燃服衣扣未扣，防火披肩未戴，面部防火罩未戴。

（4）电石厂四车间中班未处理炉况，夜班料面有板结，料面透气性差，炉内炉气压力大是事故原因之一。

⚡▨ 防范措施：

（1）电石厂各车间应立即组织各班长、人员进行此次事故的分析，吸取此次事故教训。

（2）电石厂各车间务必在本月内组织并完成电石炉运行工艺操作与出炉、堵眼安全操作的培训，并对泥球湿度掌握进行现场指导把控。

（3）电石厂各车间主任应亲自监管把控炉况处理经过，规范出炉、堵眼各项安全操作规程。

（4）电石厂应立即组织相关人员将电石炉各项工艺指标、《安全操作规程》和各项处置预案上墙张贴。

（5）电石厂职能部门、车间必须严查班组交接班情况，交接班记录中要交代出"安全防范重点"的详细情况及各项工艺操作执行情况，重视安全操作。

（6）电石厂职能部门、车间领导着重检查日常班组及管理人员的工作内容与执行情况。

（7）电石厂调度处、技术处组织人员监管电石炉各项工艺操作管理。

（8）电石厂安全环保处加派人员对现场严查"三违"行为，并监督检查以上各项安全措施的落实情况；安环部进行监督落实。

（9）建议电石厂针对电石炉开堵眼的问题，全方面深入探讨，并结合电石炉自身特点，设计、制造一套自动化开堵眼机，能够取代繁重、辛苦的人工操作，从而提高出炉岗位的机械化水平，降低岗位劳动强度和操作人员的危险系数。

事故启示　为杜绝此类事故，应完善岗位操作规程，提高人员自我保护意识，加强技能培训，规范劳保防护用品穿戴。提高机械化水平，使用机器替代人工危险作业。

案例49　电石炉喷料灼烫事故五

⚡■ **事故发生时间：2006 年 8 月 23 日**

⚡■ **事故地点：某电石厂电石炉一楼**

⚡■ **事故经过：**

凌晨 4:30 左右，电石车间 1 号炉 2 号炉眼长时间不能正常打开，1 号炉副班长 A 协助将 2 号炉眼打开，因电石溶液流速过大，造成电石锅脱轨，大量电石溶液流至地面，A 便组织 1 号、2 号炉操作工强行堵炉眼，在堵炉眼过程中，因泥球水分过大，遇到电石溶液，泥球炸开，电石液喷出将 A 右脚烫伤。

⚡■ 原因分析：

（1）2号炉炉眼长时间不能正常打开，炉内电石溶液较多，炉眼打开后流速过大，潮湿泥块骤然受热炸裂，电石液喷出，是此次事故发生的直接原因。

（2）员工对电石炉高温、热辐射等安全知识不了解，自我保护意识差，应急处理能力不足，是此次事故发生的主要原因。

⚡■ 防范措施：

（1）电石车间要针对此次事故发生原因及影响后果，深挖人员管理、安全管理上的漏洞，认真落实各部门、各级管理人员安全责任，预防和减少事故的发生。

（2）针对电石炉安全生产特点，电石车间、各工段要强化员工工作责任心，加强员工安全培训教育工作，切实提高员工岗位安全操作技能和自我防范意识。

（3）各部门要加大对公司各项安全管理规定执行力度，事故发生后严格执行公司事故、事件管理规定，在职权范围内对事故进行处理整改，并如实、及时上报公司备案。

事故启示　　为杜绝此类事故，应完善岗位操作规程，提高人员自我保护意识，加强技能培训，规范劳保防护用品穿戴。提高机械化水平，使用机器替代人工危险作业。

案例50　电石炉喷料灼烫事故六

⚡■ 事故发生时间：2012 年 8 月 24 日

⚡■ 事故地点：某电石厂电石炉一楼

⚡■ 事故经过：

某电石车间 7 号炉甲班出 1 号眼，由于电石黏稠，不能及时顺利流出；出炉班长和出炉工上炉台用钢钎疏通，由于炉内压力较大，在钢筋抽出时，发生了出炉口喷料，出炉工未能及时躲开，造成了右胳膊和两腿小面积烧伤。

⚡■ 原因分析：

因入炉原料质量波动（兰炭固定碳含量较低），造成电石质量下滑，入炉原料配比较难控制，再加上入炉石灰粉末大，使炉面结壳，透气性下降，炉内压力上升后出炉时就会出现电石流量大，不易堵眼。经查现场和生产原始记录（甲班和丙班），7 号炉甲班（23:30 大夜班）在接班后按照丙班电石质量（发气量 235）情况对入炉原料配比进行调整以提高电石质量（调整后发气量 286）。一晚共出炉四次，0:10 2 号眼出电石 4 锅，中间至 2:00 再未出炉，2:00 1 号眼出炉 10 锅，在此次出炉过程中，即发生烧伤事故。综合以上所述事故原因如下：

（1）入炉原料质量波动（兰炭固定碳含量较低），造成电石质量下滑，入炉原料配比较难控制，甲班在作出原料配比调整后，出炉炉次未能按时进行，冶炼反应时间延长，炉内压力上升。再加上电石发气量提高后会造成出炉黏稠，不易流出。

（2）出炉班长、大班长和值班副主任在进行炉况调整过程中，对一层出炉时可能出现的喷料危险性认知不够，没能提醒出炉人员在操作时做到有效防范。

⚡■ 防范措施：

（1）电石公司各车间要利用班前、班后会，加强对员工的安全教育，切实让员工对安全生产、操作过程中的安全隐患有深刻的认识。

（2）车间加强对新入职员工的岗位操作技能的培训，提高操作技能和紧急避险能力。

（3）抓好入炉原料质量关：兰炭车间努力提高产品质量，为电石公司提供合格的兰炭；原料一车间要加强筛分环节的管理，提高料仓仓位，避免产生过多粉料入炉；各级工艺管理和生产操作人员要严格按照《工艺异常调整规定》的要求进行合理的工艺调整。

（4）各级管理人员要吸取事故教训，认真学习安全生产知识，提高自身安全管理水平，实实在在的负起责任，抓住生产各个环节，杜绝事故的再次发生。

此次事故，暴露出生产异常情况时，车间敏感性不强，生产管理不到位、管理粗放的情况，为杜绝此类事故，应制定完善岗位操作规程，加强对原材料的质量控制，强化工艺技术和工艺纪律的控制。

案例51 电石炉喷料灼烫事故七

⚡■ **事故发生时间：2014 年 10 月 2 日**

⚡■ **事故地点：某电石厂电石炉二楼**

⚡■ 事故经过：

11:40 左右，2 号电石炉巡检工发现 2 号电极 6 号料柱冷却水管漏水，随即通知配电工把 2 号炉负荷降至 8700kV·A，然后和巡检工一同去处理漏水管。11:50 左右水管换完，两人打开炉门检查炉况，发现 1 号电极处料面有一块硬壳，两人用堵头没砸下去，便商议放水炮，随后下楼通知班长，班长上楼看过料面同意了放水炮的建议。3 人将水炮准备好后放入 1 号炉门料面，立即向主控室方向躲开，班长则直接躲到集水槽后北侧，巡检工在 1 号炉门北侧立柱旁操作氧气瓶阀，往吹氧管内冲氧放炮。12:03 左右，轰的一声，大量热炉料、炉气向外喷出，顷刻间浓烟罩住整个二楼，什么也看不清了，这时班长直呼"救命"，巡检工距离较近，听到呼救立刻拿起灭火器把班长身上的火扑灭。

⚡■ 原因分析：

（1）2 号炉当班班长及巡检工违章作业，在二楼处理料面时使用水炮，违反电石厂安全禁令（第十九条：电石炉禁止放水炮）。

（2）2 号炉当班班长、巡检工在处理料面时采用吹氧管注水（吹氧管注水量大形成的爆炸威力大，一根吹氧管 6m，注水在半节左右），用氧气对管内的水进行加压，增加了水与电石红料的反应速度，可燃气体剧增，提高了爆破威力。

（3）2 号炉当班期间 11:40 之前刚出完一炉，电极未活动，料层内部存在空洞，加之放水炮，加剧了爆炸产生的冲击力。

（4）2 号炉当班班长、巡检工违章作业，自我保护意识差。未按规定穿戴阻燃服，作业时躲避安全距离不足酿成烧伤事故。

⚡■ 防范措施：

（1）电石厂各车间应立即组织管理人员、班组进行电石厂安全禁令的学习宣贯，各管理部门重点检查监督落实班组交接班过程及生产操作过程对《电石厂生产现场安全禁令》的执行情况。

（2）电石厂自 2014 年 10 月 5 日起，凡二楼处理炉况时必须第一时间向电石厂生产调度提出申请，并做好安全防范措施，作业过程中值班主任必须在现场亲自监督指导，同时做好相关记录和防范措施。

（3）电石厂各车间在处理料面时，应执行标准操作票，并经相关人员审核批准后实施。如遇炉内结壳严重，处理困难，必须采取爆破时，必须向电石厂调度处、安环处、技术设备处提出申请，通过四方现场确认，制定处理方案后方可实施爆破。

（4）电石厂各车间在10月20日之前组织完成电石炉各个重点危险区域应急预案及防范措施的编制报电石厂安环处，由电石厂安环处、技术处、调度处进行审核，总经理批准后汇编成册并组织学习宣贯。

（5）电石厂各车间应自10月份至年底定期组织全员进行安全环保事故案例学习，提高各级人员的安全意识。电石厂职能部门监督、协助车间建立健全安全管理体系，车间、班组利用交接班落实电石炉工艺操作安全红线规定，设备、设施检修维护工作票制度要严肃执行，全员动员起来对安全防范措施进行有效跟踪、监督、落实。

（6）电石厂安环处、调度处、技术设备处、综合处应加强对日常安全生产跟踪、监督、检查，相关管理制度落实到车间，加大执行力度、加大考核力度，使现场不安全行为、因素能够及时消除，协助各车间做好安全生产工作。

事故启示 　此次事故暴露出生产异常情况时，作为现场管理人员违章指挥，管理粗放，为杜绝此类事故，应落实安全红线意识，完善重点危险区域应急预案及防范措施。

案例52　电石炉喷料灼烫事故八

🔁■ **事故发生时间：2012年10月13日**

🔁■ **事故地点：某电石厂电石炉二楼**

🔁■ **事故经过：**

某电石车间3号炉丙班和乙班交班后，检查发现1号料柱皮管发生漏水，暂未处理；接班第2炉（8锅）出完炉，丙班班长要求仪表工降负荷处理炉况，仪表工接到通知后于9：39降负荷至1挡及活动电极，随后班长与巡检工一起去处理1号料柱皮管漏水，9：451号料柱皮管漏水修复完成；巡视工则去3号炉二楼门口去取石棉布准备对皮管进行隔热防护包裹，班长在未与任何人联系的情况下，独自一

人到炉体5号观察口拿起充装好的水炮进行处理料面时发生爆炸，造成班长烧伤。

⚡■ 原因分析：

（1）班长在未和当班主任、巡检工沟通的情况下独自放水炮处理料面，且在处理料面时未按操作规程佩戴防护面罩，严重违反公司安全制度。

（2）原料粉末率大，3号炉1号料柱皮管漏水，在修复过程中少量漏水进入炉内，致使炉内氢气含量升高。

⚡■ 防范措施：

（1）电石公司各车间要利用班前、班后会，加强对员工的安全教育，切实让员工对安全生产、操作过程中的安全隐患有深刻的认识。

（2）各车间要加强员工的岗位安全意识的培训，提高安全操作技能和紧急避险能力，特别是要做好集体作业过程中的互保监护工作。

（3）各级管理人员要吸取事故教训，认真学习安全生产知识，提高自身安全管理水平，杜绝带头违章操作和违章指挥。

（4）电石炉处理料面严禁使用水炮。

（5）电石炉处理料面和测量电极必须填写作业确认单并穿戴好劳保防护品以后方可进行作业。

事故启示

此次事故，暴露出生产异常情况时，作为现场管理人员违章指挥，管理粗放，为杜绝此类事故，应落实安全红线意识，完善重点危险区域应急预案及防范措施。

⚡■ **事故发生时间：2018 年 5 月 27 日**

⚡■ **事故地点：某电石厂电石炉一楼**

⚡■ **事故经过：**

4:00 左右，宁夏某电石厂一载满液体电石的电石锅倾斜，当班班长指派一辆叉车进行修正，叉车在修正作业时，电石锅突然倾翻，液体电石直接倒向叉车，叉车当场着火燃烧。此次事故造成 1 人死亡，5 人受伤，叉车及部分设备烧毁。事故直接经济损失 20 万元。

⚡■ **原因分析：**

（1）当班人员作业前对出炉设备未检查到位，电石锅在运行过程发生倾斜，是本次事故的直接原因。

（2）班长安全意识淡薄、违章指挥，对待此事没有认真思考，电石锅倾斜没有合理的处理方法，造成电石锅倾倒。

（3）叉车司机不能严格执行《叉车司机操作规程》，对易燃、易爆、高温的吊装物未经过任何防护就进行装载。

（4）电石厂管理不力，电石锅倾斜属常见事故，没有制定详细的处理方法，致使本次事故发生。

防范措施：

（1）加强操作工的培训，严格各项操作要领，对不能满足要求的设备进行更换和修复，对违反操作的指挥要拒绝，绝对不能蛮干。

（2）"懂了才安全，不懂不安全"，对班长进行全面培训，加强安全管理学习，只有提高了安全意识，杜绝了违章指挥，才能很好地指挥生产。

（3）电石厂要制定相关的制度和规程，对待事故应制定详细的预防措施和处理方法，并组织所有从业人员进行学习，防止发生事故后盲目操作，酿成重大事故。

> **事故启示** 从此次事故中我们明白员工操作技能的重要性，必须加强操作工岗位技能的培训，提升员工的操作技能，杜绝各类事故的发生。

案例54 电石翻锅灼烫事故二

事故发生时间： 2013 年 6 月 28 日

事故地点： 某电石厂电石炉一楼

⚡■ 事故经过：

16:05左右，7号电石炉3号眼出炉作业，炉眼打开后，液体电石流量大导致部分电石喷到锅外，班长立即安排用挡板挡住，并通知配电工降负荷。出到第4锅时，电石锅发生连续掉道，出第6锅时，电石锅底被烧穿，当班人员立即维护炉眼准备将炉眼封堵，在第10锅时3号眼封堵完毕。16:20左右，班长安排出炉班长拉锅，让锅活动一下，出炉小车运行至1号眼与3号眼轨道拐弯处时，出炉小车掉道导致电石锅倾翻，倾翻出的液体电石与二楼集水槽流到3号炉台下积水相遇发生爆炸，冲击波夹杂火焰与碎渣将在3号炉台上堵眼的出炉工三人头部、脸部、肢体不同程度烧伤。

⚡■ 原因分析：

（1）7号炉3号眼开眼出炉后流量大，造成电石流地，轨道上沾有电石，加之出炉小车连续脱轨，当出第10锅时，第4辆出炉小车正好处在弯度变轨的轨道处，拉锅时第4辆出炉小车掉道脱轨发生电石锅侧翻，是事故发生主要原因。

（2）由于对7号炉二楼集水槽补水，集水槽溢流，造成水从二楼流到一楼3号炉台旁形成积水，此时刚交完班，当班班长及出炉工均未对积水进行清理，未对现场存在安全隐患进行检查排除，未引起重视，是此次事故爆炸伤人的主要原因。

（3）电石厂及车间班组安全意识淡薄，生产起来不要安全的习惯相当普遍。管理人员监督检查未有效落实，对3号炉台前的积水视而不见，是本次事故的直接原因。

⚡■ 防范措施：

（1）电石车间立即组织人员对爆炸后的生产现场人员状况，设备设施情况进行检查，对可能产生的新隐患进行消除。

（2）电石厂立即组织车间对各炉集水槽溢流水做引流措施，防止水再次流到一楼出炉现场。

（3）电石厂立即组织各车间加强生产现场管理，24小时监督检查各电石炉生产现场安全隐患的排查情况。各班组严格按交接班制度进行交接班，双方必须到生产现场进行检查确认，无安全隐患方可进行交接班，并做好现场检查记录，签字确认。

（4）电石厂立即组织人员完善电石出炉相关安全生产禁令及安全生产管理规定，并组织各级人员进行学习和实施，对违反规定的人员加大处罚。以此提高各级人员安全意识，自我保护意识。

（5）电石厂组织对主任、班长、员工进行生产过程中危险源辨识学习，做到及时发现、消除、制止现场违章违规操作行为。

事故启示 此次事故的发生绝非偶然，暴露出属地车间交接班不严格，作业人员安全意识淡薄，生产过程中安全隐患未及时消除等问题，我们要吸取事故教训，加强交接班管理，积极开展隐患排查治理工作，将安全隐患彻底消灭在萌芽状态。

案例55 乙炔回火灼烫事故

⚡■ **事故发生时间：** 2010 年 8 月 24 日

⚡■ **事故地点：** 某电石厂电石车间一楼

⚡■ **事故经过：**

15:50 左右，3 号炉丙班维修工在一楼卷扬机旁进行气割作业，使用的割炬为射吸式割炬。当作业完毕将切割氧关闭后，准备关闭乙炔气体时，割炬突然发生回火爆炸现象，导致乙炔气管与割炬的连接处突然脱落，回火后的明火将乙炔气管泄漏出来的乙炔气体引燃，将维修工的双臂及腹部烧伤。

原因分析：

（1）3号炉丙班跟班维修工作业前未按要求检查所使用的工器具，致使乙炔管脱落是造成此次事故的直接原因。

（2）3号炉丙班跟班维修工作业前未按规范要求穿戴劳动防护用品是造成此次事故的主要原因。

（3）作业时所使用的乙炔减压表出现故障致使乙炔气数据不真实是造成此次事故的间接原因。

（4）3号炉丙班维修工安全操作技能不熟练，未能掌握安全操作要求是造成此次事故的间接原因。

（5）3号炉丙班班长对本区域员工安全教育不到位是造成此次事故的间接原因。

（6）3号炉炉长对本区域员工安全教育不到位，安全防范措施落实不力，是造成此次事故的间接原因。

（7）3号炉安全检查员对负责的区域安全检查不到位是造成此次事故的间接原因。

防范措施：

（1）各岗位员工应吸取教训，加强专业知识的学习，将学到的知识运用在实际工作中。

（2）自觉遵守厂规厂纪，上岗前正确规范穿戴劳保防护用品。

（3）加强各岗位安全操作规程的学习，杜绝"三违"现象。

（4）交接班时要详细检查本岗位工器具的使用、运行状态。

（5）加强安全教育，安全教育要针对岗位的安全实际操作技能的提高。

事故启示　为杜绝此类事故，应加强岗位专业知识的培训，规范穿戴劳保防护用品，作业前应认真检查工器具的完好性。

案例56 除尘器红灰灼烫事故

>>>

⚡■ **事故发生时间：2016年11月16日**

⚡■ **事故地点：某电石厂原料车间**

⚡■ **事故经过：**

2016年11月15日2:30，原料车间烘干窑A窑在运行过程中，操作工发现除尘器3箱室的温度较高，在130℃上下波动。操作工通知班长、值班长、司窑工到现场进行检查，发现除尘器3、4箱室箱盖处着火，安排停窑处理。11月15日白班，原料车间安排人员打开2号箱体将积灰放出。

11月16日10:25，机械动力处组织安全环保处、原料车间相关管理人员召开A号窑除尘器着火后续检修会议。会上提出两套作业方案，一是原料车间提议使用吸灰车清理积灰，二是机械动力处提议先将1号、3号除尘箱内积灰清理干净，然后清理2号除尘箱内烧毁的布袋及龙骨，具体作业方式是拆除吸灰管，使用钢钎进行疏通放灰，在灰放不通畅情况下，打开人孔放灰。在讨论过程中原料车间主任对打开人孔放灰作业提出不同意见，认为作业方式存在安全风险。与会人员认为采用第一种作业方式，存在烧毁吸灰车的风险，予以否定。同意采取第二种作业方式，并由原料车间设备员王某根据第二种作业方式编写检修方案。

11:10，原料车间组织甲班首先将A号窑除尘器吸灰管拆除，用钢钎疏通斜管进行下灰，1号、3号斜管落下少量湿灰，根据现场落灰情况，机械动力处安排人员打开 3 号箱体人孔，发现箱内无积灰，随即安排甲班员工拆卸 1 号箱体人孔，12:30，开启人孔盖板时，箱内红灰从人孔流出掉落地面扬起并发生闪燃，作业人员躲闪不及，造成面部、手部灼伤。

⚡■ 原因分析：

（1）作业前，组织协调会对检修方案出现不同意见时，未能够向公司请示，未制定检修方案及安全方案，决策失误、违章指挥，是此次事故发生的直接原因。

（2）机械动力处朱某作为原料车间检修片区负责人，对作业方式存在的风险未能够引起足够的重视，未能够听取属地的意见，冒险指挥作业是此次事故发生的主要原因。

（3）原料车间主要负责人，对作业中存在的风险未及时制止，对检修现场具体检修环节管控不到位，是此次事故发生的又一管理原因。

（4）安全环保处对存在争议的安全方案未从安全专业的角度提出意见和要求，对作业过程安全管控不到位是此次事故发生的又一管理原因。

（5）原料车间对员工工艺知识培训不足，日常巡检时对除尘器内灰位高度及气力输灰运行异常未引起足够重视，是此次事故发生的另一管理原因。

⚡■ 防范措施：

（1）由安全环保处负责编制除尘器放灰作业指导书，审核下发至车间学习、执行。

（2）由生产技术处负责，针对冬季运行特点，制定原料车间生产运行指标，确保生产正常。并拟定气力输灰运行异常和属地车间沟通方式，避免推诿、扯皮。

（3）由机械动力处负责协调安装蒸汽管线，改变除尘器灭火方式，确保作业安全。

（4）原料车间加大除尘系统巡检力度，日常巡检时应关注除尘器箱内灰位高度，如发现箱内灰位较高，应及时联系动力车间，调整气力输灰量，保证除尘器箱内灰位正常。

（5）原料车间加大对员工工艺知识的培训，对运行的参数、曲线做到应知应会，提高员工工艺操作水平，进一步规范生产操作。

（6）由电仪车间负责对原料除尘器料位仪进行系统排查和落实，并结合原料车间生产运行要求，将相关曲线添加在系统中，确保仪表显示准确。

（7）各职能处室及车间在生产、检修工作中，要做到有效沟通、意见统一，对存在争议的方案报公司同意后，方可开展后续作业，严禁强令冒险作业。

此次事故，暴露出制定的检修方案及安全方案及决策存在失误，违章指挥，风险辨识不到位。为杜绝此类事故，应编制除尘器放灰作业指导书，加大除尘系统巡检力度，提高员工工艺操作水平，进一步规范生产操作。

第七章

火灾事故

案例57 低压补偿柜着火事故

>>>

⚡■ **事故发生时间：2018 年 1 月 14 日**

⚡■ **事故地点：某电石厂电石炉三楼**

⚡■ **事故经过：**

某电石车间 5 号、6 号炉甲班早班接班后，对 6 号电石炉正常降至 1 挡处理料面（1:34 退低压补偿）；1:55，5 号炉操作工 A 行经冷却厂房南侧时，发现电石炉三楼有浓烟和火光，当即用对讲机告知操作工 B 和班长；二人立即组织人员进行扑救并将此异常情况上报给值班长和车间值班人员，2:05 配电工紧急停电；2:25 彻底将火扑灭，4:59 恢复正常生产。

⚡■ **原因分析：**

（1）电石炉低压补偿装置，在投、切过程中瞬间电流过大致使电容器外壳击穿，是造成此次事故的直接原因。

（2）车间对属地区域内设备巡检不到位，在装置发生异常后，不能及时发现，是此次事故的间接原因。

（3）电仪车间对低压补偿装置的日常维护保养、巡回检查不到位，是造成此次事故的管理方面原因。

（4）低压补偿装置元件使用年限较长，设备老化是造成此次事故的另一原因。

⚡ ■ 防范措施：

（1）加强属地管理，制定巡检标准，在装置投、切完成后，对低压补偿装置进行巡检，确保无异常情况。

（2）要求电仪车间利用电石炉停电检修机会，检验电容器保护的可靠性，在电容器电流过大时能及时跳开。

（3）由机械动力处牵头、电仪车间配合，对 3 台电石炉低压补偿装置进行计划性改造。

（4）要求机械动力处、电仪车间制定低压补偿装置电容器的检查维护及更换标准。

（5）要求电仪车间将加装在低压补偿柜门底部的门锁拆除，修复柜门原装门锁。

（6）要求各部门吸取此次事故教训，举一反三，加强员工日常培训，提高员工责任意识，杜绝类似事故的再次发生，确保公司装置的稳定运行。

事故启示 此次事故，虽未造成人员伤亡，但暴露出车间对现场设备管理上存在缺陷，各部门应吸取教训，举一反三，制定完善的设备巡检、维护标准；车间管理人员应加强现场监督，定期组织人员开展多类型应急演练活动，确保在发生异常情况时各岗位人员能够妥善处理，将损失降到最低。

案例58 导热油着火事故

⚡ ■ **事故发生时间：** 2010 年 12 月 14 日

⚡ ■ **事故地点：** 某电石厂石灰窑

⚡■ 事故经过：

14:30左右，石灰窑工序当班班长向车间及调度反映：石灰窑窑体上燃烧梁（TE1324）导热油管弯头与梁体连接处有导热油泄漏喷出。接到报告后，车间立即向公司领导反映了情况，同时请求停窑处理。14:30公司经研究讨论决定进行停火闷窑操作，并制定了停窑方案，14:40左右石灰窑停窑，进行冷却降温工作。14:30左右，导热油沿窑体下渗，经燃烧梁观察孔渗入窑内、窑壳与窑衬之间（窑内压力负压），由于梁体温度过高，导热油被引燃，火势沿油迹迅速扩大。现场人员第一时间进行扑救，并向相关部门报告，2010年12月15日00:15将火扑灭。

⚡■ 原因分析：

（1）泄漏的导热油沿窑体下渗，经燃烧梁观察孔渗入燃烧梁内，虽经逐步降温，但窑内温度仍在400℃，在高温条件下导热油被引燃，并沿油迹迅速回蔓至燃烧梁西侧平台将泄漏导热油全部引燃，是此次事故发生的直接原因。

（2）设计过程中未充分考虑炉体热胀冷缩对窑体、管道、法兰连接处所产生的张力和应力问题，由于窑内耐火砖砌筑质量问题及近期煤气量波动较大，石灰窑频繁开、停车的原因，窑内耐火砖出现裂缝，高温炉气串至窑壁与砌体之间，导致窑壳受热变形外鼓，燃烧梁导热油管弯头处焊缝应力不均，致使管道与燃烧梁的焊接处焊口开裂，导热油外漏遇高温起火，是此次事故发生的主要原因。

（3）停炉后，在炉体强制冷却过程中，由于炉体的热胀冷缩效应，炉体收缩使导热油管弯头焊缝处应力增大，焊缝漏点扩大，大量导热油泄漏，沿炉壁流下的导热油遇局部高温，发生燃烧，是此次事故发生的又一原因。

（4）事故发生后，对导热油泄漏后的影响后果分析判断不足，未采取果断处置办法，应急指挥、处置不力，致使事故的后果进一步扩大，是造成此次事故的管理原因。

⚡■ 防范措施：

（1）要求生产设备处负责对现场仪器、仪表、电器线路进行统计，及时上报采购计划，密切关注材料到货情况，保证石灰窑装置早日恢复生产。

（2）由安全环保处根据现场实际情况，重新核定、配备足够的灭火器，确保应急处置过程中消防器材充足。

（3）针对石灰窑频繁开停车，窑体耐火墙可能发生窜漏和开裂现象，公司将采取局部开孔灌注浇注料的方式以填充窑壳和窑衬，避免发生窜漏现象。

（4）加大石灰窑装置导热油系统和上、下燃烧梁等关键点的巡检力度，明确巡检点和巡检要求，保证生产装置运行安全可控。

（5）成立攻关小组，制定可行的工艺控制方案，保证焦炉装置的稳定生产，为石灰窑的正常运行提供保障。

（6）完善关键装置和重点部位的应急处置预案，明确应急操作流程，并组织全员学习，提高应急处置能力。

事故启示　　此次事故警示我们，当生产装置发生异常时要提高工艺设备管理的敏感性，对异常情况进行研判并采取相应防范措施，避免事故扩大化。各级管理人员应加强现场巡检力度，发现异常时及时处理，保证安全生产。

案例59　液压系统着火事故一

⚡■ 事故发生时间：2018 年 5 月 21 日

⚡■ 事故地点：某电石厂电石炉三楼半

⚡ 事故经过：

21:10左右，电石一车间4号炉丙班配电工做钎测电极准备工作，在活动完A相和B相电极后于21:17开始活动C相电极，在活动C相电极时发现C相电极持续上升，立即通知巡检工到四楼查看。21:19，配电工从监控画面中看到C相电极发生打火（C相电极北侧大力缸与7号夹钳油缸油管连电打火），便采取紧急停电，并通知车间领导；巡检工赶赴4号炉四楼后，发现C相电极周围液压油管发生着火，立即将液压站油路控制总阀和分阀关闭，之后车间组织人员实施扑救。

⚡ 原因分析：

（1）配电工在活动4号炉C相电极时，电极失控，持续上升150mm未停止（限位连锁保护），上升至1100mm仍未停止（拉绳限位保护），初步判定为电磁阀不动作，电极保护装置失灵，是造成此次事故的直接原因。

（2）配电工发现C相电极突然持续上升（持续时间为1分46秒），未及时采取紧急停电措施，导致C相电极大力缸与7号夹钳油缸油管连电打火，引燃油管液压油，是造成此次事故的主要原因。

（3）车间日常管理不到位，值班人员未能有效履行值班职责，在事故发生后，不能第一时间到现场指挥和组织开展应急救援工作，是造成此次事故的管理方面原因。

⚡ 防范措施：

（1）机械动力处负责完善连锁保护装置、液压系统检查及测试管理规定，明确检查人员、时间、方式，形成检查记录，确保连锁装置的正常运行。

（2）各车间组织配电工对岗位操作法进行系统性学习，提高配电工应急操作技能，对出现电极失控上升情况作出应急反应，采取紧急停电措施，杜绝类似情况再次发生。

（3）各车间下发巡检要求，明确巡检人员的岗位职责，巡检人员必须严格履职，在活动电极作业时，应密切观察电极运行情况，出现异常情况时和配电工沟通并上报。

（4）各车间严格按照公司值班要求，加强值班管理工作，做好 24 小时值班无缝对接。同时，车间要加强应对突发、异常情况时的应急处置演练工作，降低生产风险，避免类似事故的发生。

事故启示

此次事故，虽未造成人员生命财产损失，但反映出岗位人员现场应急处置能力不足，要认真总结吸取教训，加强岗位人员安全培训，提升员工异常情况判断和处置能力，同时应落实安全生产责任，加强监管力度，坚决杜绝此类事故的发生。

案例60 液压系统着火事故二

⚡■ **事故发生时间：2008 年 6 月 16 日**

⚡■ **事故地点：某电石厂电石炉三楼半**

⚡■ 事故经过：

10:30左右，2号炉在压放3号电极的过程中，三楼半巡检工（新员工）发现3号电极周围存在冒烟并产生着火现象，便立即使用灭火器进行灭火，由于着火点靠近风机及液压油管，人员经验不足，所以未及时将火扑灭。便下楼报告班组长，班组长立即通知配电工紧急停电并组织人员穿戴好正压式呼吸器进行扑救，20min后将火扑灭。

⚡■ 原因分析：

（1）2号炉除尘引风机检修，设备未运行造成二楼炉内形成正压，炉内的火焰通过电极周围夹缝上窜至三楼半液压系统，引燃渗出在液压油管周围的液压油，是事故发生的直接原因。

（2）三楼半巡检工（新员工）应急处置能力不足，发现异常不能及时处理，耽误了灭火最佳时机，是事故的主要原因。

（3）岗位人员巡检不到位，未能发现设备存在隐患并及时上报处理，是发生此次事故的根本原因。

（4）车间设备管理人员日常监管不到位，未能及时掌握设备运行状态，是造成此次事故的管理原因。

⚡■ 防范措施：

（1）各部门要加强新进员工岗位应急操作培训，切实提高员工处理突发事件的能力。

（2）各部门要认真查找安全死角和管理漏洞，编制符合现场实际的应急预案，组织全员学习并进行效果验证，确保全员掌握应急处置方法。

（3）各部门要加强生产装置的监管力度，定期对关键装置中的重点部位进行检查，对检查发现的隐患及时整改，避免事故的发生。

（4）各部门要严格执行工艺设备巡回检查制度，及时掌握和了解生产、设备的运行状态，对巡检发现的问题及时整改或制定防范措施，预防和减少各类事故的发生。

事故启示

此次事故，反映出车间对生产装置的监管力度不够，同时，岗位人员对发现异常情况的应急处置能力有待提高，各部门要认真总结吸取教训，加强岗位人员安全培训，提升员工异常情况处置能力，坚决杜绝此类事故的发生。

案例61 液压系统着火事故三

⚡■ **事故发生时间：2007 年 8 月 8 日**

⚡■ **事故地点：某电石厂电石炉三楼半**

⚡■ **事故经过：**

19:20 左右，某电石车间 1 号炉进行压放电极工作，首先对 1 号电极进行压放，在压放过程中，三楼半巡检工发现 1 号电极楼板底部有火光，随即上报车间领导，并使用消防沙和灭火器将火扑灭。

⚡■ **原因分析：**

（1）三楼半与楼下电极交接地带密封不严，在电极压放时，高温烟气及少量火花飘至三楼半楼板底部引燃渗漏的液压油，是造成此次事故的直接原因。

（2）电极压放系统液压油管有渗油现象，所渗液压油漏至3楼半楼板底部，是事故发生的间接原因。

（3）当班巡检工及液压工巡检过程中不能发现现场异常情况，巡检工作流于形式，是此次事故发生的根本原因。

（4）车间设备管理人员对现场主关键设备管理不到位，是此次事故发生的管理原因。

⚡■ **防范措施：**

（1）各部门认真排查现场管理死角，重新制作密封层，确保三楼半与楼下电极交接地带上下隔离。

（2）加强料面操作工的现场操作，对平盖板与电极空隙间进行密封，防止火花窜至三楼半引发着火事故。

（3）加强巡检岗位人员安全培训教育工作，避免巡检工作流于形式。

（4）车间制定主关键装置巡回检查管理办法，加强车间管理，避免设备安全运行失控。

（5）制定和完善电极液压系统泄漏着火应急处置预案，组织开展应急救援演练活动。明确应急操作规程，并组织全员学习，进一步提高员工的应急处理能力。

事故启示：此次事故是一起设备日常维护保养不到位引起的火灾事故，通过事故分析，启示我们应加强设备管理，切实做好日常巡检工作，对发现的隐患要立查立改，同时加强岗位人员安全培训，提高岗位人员的应急处置能力。

案例62 液压系统着火事故四

⚡■ **事故发生时间：2006年10月13日**

⚡■ **事故地点：某电石厂电石炉三楼半**

⚡■ 事故经过：

5:50 左右，1 号电石炉配电工发现 1 号电石炉大力缸失灵，便通知值班长及班组长，班组长立即安排班组成员到三楼半检查，经检查发现 1 号炉 2 号电极液压油管着火，班组长立即组织人员灭火并上报。6:30 火被扑灭，1 号炉部分液压油管及电缆线被烧毁。

⚡■ 原因分析：

（1）1 号炉有 4 根下料管，料管内装有防止火焰蹿出的翻板，因翻板经常发生故障被人为拆除，故在三楼半安装有鼓风机。利用风压压制火焰，防止火焰沿下料管向外传播，导致炉内火焰蹿出引燃电磁振荡器和下料管之间的帆布软连接从而引发液压油管着火，是造成此次事故的直接原因。

（2）车间安全生产管理严重存在漏洞，挡火板作为电石炉的重要安全附件随意拆除；液压油管连接使用的橡胶密封圈不规范，造成液压油长期泄漏，该问题始终未得到落实整改；未制定液压系统泄漏着火应急预案和组织应急救援演练；岗位巡检监督不到位，是这起事故的主要原因。

（3）公司安全管理存在缺陷，对工艺设备变更、巡检不到位及记录不完善、未建立重要设备等问题未及时查证和提出整改措施，对生产系统存在的安全隐患缺乏监督，是这一事故的主要原因。

⚡■ 防范措施：

（1）电石车间及时恢复下料管挡火翻板装置，在未安装之前，制定有效的安全防范措施，每班设专人负责三楼半液压、电磁下料系统的巡检工作，并做好详细检查记录。

（2）在液压油总管回路加装电磁切断阀，实现远程操作，发生异常情况时及时切断液压油路，确保液压系统完好。

（3）严格执行操作工巡检制度，对巡检不到位、巡检记录不规范等情况要及时整改落实，加强重点操作岗位的监督。

（4）制定和完善电极液压系统泄漏着火的应急预案，组织开展应急救援演练活动。明确应急操作规程，并组织全员学习，进一步提高员工的应急处理能力。

（5）公司严格规范工艺管理、设备管理，对重要工艺、设备变更及技术改造，严格执行变更管理审批程序，并制定防范措施，变更过程中及时了解和掌握生产、设备状况，对出现的问题认真分析研究，预防和减少各类事故的发生。

（6）公司要认真查找安全死角和管理漏洞，切实落实安全生产责任制，明确各级安全管理部门、人员的职责，加强自查，对生产过程中暴露出的人、机、环等安全缺陷要限期整改。

事故启示　　此次事故是一起设备、工艺、安全管理不到位引起的火灾事故，警示我们，设备存在隐患时要及时消缺，设备变更及技术改造前严格按照审批流程进行变更，严禁随意拆除，加强部门日常管理，提高岗位员工应急处置能力。

第八章

高处坠落事故

案例63　高处坠落事故

⚡■ 事故发生时间：2010 年 3 月 28 日

⚡■ 事故地点：某电石厂电石炉二楼

⚡■ 事故经过：

某电石公司按计划对 2 号电石炉进行检修，由维修车间负责对 2 号电石炉炉顶盖板进行更换，按照检修方案，作业人员共用三具手动吊葫芦（承重 1 吨）吊装炉顶盖板，15：20 左右盖板被牵引至炉顶，作业人员将炉顶盖板拉筋连接完毕后拆除三具吊葫芦，由拉筋牵引炉顶盖板。

15：30 左右维修工卢某、唐某、马某、张某开始进行炉盖板水平位校正工作，马某和张某负责用手动吊葫芦拉侧盖板，唐某负责在电极三角区用撬杠撬平盖板，由卢某站在炉顶盖板上调整拉筋花篮螺丝以确保炉顶盖板水平。当卢某使用撬杠撬花篮螺丝过程中，花篮螺母中间部位突然断裂，造成炉顶盖板无受力点而向下坠落，卢某随着炉顶盖板一起坠至 2 号电石炉炉底，导致卢某左胯在坠落中受伤，炉盖板在掉落过程中碰到炉底料管后倒向卢某，将卢某左胳膊砸伤。事故发生后，公司立即安排救护车将卢某送往医院诊治，经诊断卢某左臂肱骨错位骨折，左胯胫骨上部骨折。

⚡■ 原因分析：

（1）在校正炉顶盖板过程中，作业人员撬动使花篮螺母侧向受力断裂，导致盖板掉落，造成维修工卢某左胯跌伤、左胳膊被盖板砸伤是此次事故的直接原因。

（2）在校正盖板作业方案中，现场安全管理人员对作业过程中存在的作业风险辨识不清，也未落实安全防范措施，是导致此次事故发生的主要原因。

（3）2号炉顶盖板距炉底约3.8m左右，依据《高处作业安全管理规定》的要求属高处作业，但公司未按高处作业要求办理相关手续并采取正确的防护措施，对施工作业环境存在的风险分析不全面是此次事故发生的管理原因。

（4）作业人员工作经验不足，自我保护意识不强，是造成此次事故发生的间接原因。

⚡■ 防范措施：

（1）规范检修作业流程，在对关键设备、有限空间内、安全施工条件不足的场所内进行检修作业时，应制定详细的检修方案，组织作业人员对作业过程中存在的风险进行研判，并制定切实有效的安全措施。

（2）加强检修作业前的安全技术交底工作，对检修作业中存在的危险因素和关键环节进行重点交接，严格落实安全方案中的各项安全防范措施。

（3）作业过程中，各岗位人员应严格履职，各专业处室要发挥技术指导及监督管理的职能，确保检修作业过程安全可控。

（4）加强员工安全培训教育，不断提高员工风险辨识能力，从根本上使员工牢固树立起"安全第一，预防为主"的观念。

此次事故警示我们，检维修作业未按规定办理相关票据、未正确采取安全防护措施、施工现场风险分析不到位、作业人员经验不足都有可能造成安全事故。因此在今后的检修作业中，必须要对施工现场进行全面的风险辨识、作业前进行安全技术交底、严格落实安全防护措施。

案例64　盖板处人员高处坠落事故

》》》

⚡■ 事故发生时间：2013年3月29日

⚡■ 事故地点：某电石厂电石炉三楼

⚡■ 事故经过：

7:20 左右，电石厂二车间 8 号炉乙班巡检工王某在接班前对三楼进行巡检工作，7:30 左右在经过中间盖板巡视三楼 A 相变压器时，中间安装口盖板突然掉落，导致王某随盖板一同跌落到二楼平台。

⚡■ 原因分析：

（1）巡检工王某自我保护意识差，正常巡视时未注意到盖板已移位松动，是造成此次事故的直接原因。

（2）A 相变压器门前盖板长期踩踏，盖板外框水泥地面已破损，导致盖板与框架缝隙变大，移动空间加大，车间未及时采取有效防范措施并修复，是造成此次事故的主要原因。

（3）车间对所属区域设备设施管理不到位，未能及时发现隐患并处理，是导致此次事故发生的根本原因。

⚡■ 防范措施：

（1）各部门立即组织人员对所有炉体楼层的观察口、加料口、防护栏进行检查，加固盖板及防护，确保防护有效。

（2）各部门对所有盖板、加料口进行自检自查，对存在安全隐患及不规范的防护设施及时整改，确保防护措施安全有效。

（3）各部门认真吸取事故教训，加强现场设备设施安全管理，杜绝设备设施带病投用运行。

（4）各部门要引以为鉴，做好员工安全培训工作，使员工掌握岗位安全风险辨识能力，杜绝类似事故的再次发生。

事故启示

此次事故告诫我们，必须加强现场隐患管理，对发现的隐患要及时整改，不能及时整改的必须做好临时防范措施，以免导致事故的发生。

案例65　焊接平台人员高处坠落事故

⚡▪ **事故发生时间：2015 年 4 月 3 日**

⚡▪ **事故地点：某电石厂兰炭炉二楼**

⚡▪ **事故经过：**

11:20 左右，电石厂兰炭二车间主任带领调火技师、调火工、设备员、班长等 4 人对兰炭炉生产设备进行开车前隐患排查。在检查至 7 号、8 号炉二层操作平台时发现 8 号炉壁外墙及集气箱有漏点，车间主任即在现场就漏点问题对其他 4 人进行检修安排。在现场 5 人商量方案期间，宽 3m、长 12m 的二层平台突然整体坠落，5 人同时坠地。

原因分析：

（1）电石厂兰炭二车间 7 号、8 号炉检修平台支撑连接焊口脱焊，是此次事故的直接原因。

（2）工程施工把关不严，工程质量存在缺陷，是此次事故发生的主要原因。经现场调查发现，7 号、8 号炉二层检修平台支撑连接的焊接口多为点焊固定，未进行满焊且平台底部无加固支撑，操作平台两侧各有 12 个焊接支撑点，平台坠落前西侧 7 个焊接支撑点，东侧 4 个焊接支撑点均处于脱焊状态，对其他兰炭炉平台检查亦发现存在同样的问题。

（3）电石厂对兰炭二车间开车前准备工作不充分，无详细的开车计划，现场隐患排查不彻底，对检修平台，栈桥等钢结构焊点未做明细排查，是造成此次事故的间接原因。

（4）工程管理部对项目施工质量监督、把关不到位，导致现场施工质量不保证，是造成此次事故的管理原因。

（5）生产管理部、安全环保部对装置开车前关注程度不足，未能督促电石厂依据装置开车安排编制详细的开车方案、计划，是造成此次事故的又一管理原因。

防范措施：

（1）由电石厂负责、工程部配合，完成电石厂所属区域钢结构排查工作，工程部协调施工力量完成消缺工作，确保装置安全，安全环保部负责督查。

（2）各分公司负责，完成辖区内类似钢结构焊点及支护稳定情况的排查工作并将排查结果报安全环保部备案，工程部负责协调施工力量完成整改工作，整改完成之前，各分公司负责做好临时防控措施。

（3）生产部负责，安全环保部配合，结合现场实际情况，编制、修订、完善检维修作业及开停车管理和事故管理制度，规范派工、作业管控及开停车和事故管理程序，各分公司严格按制度要求执行，以加强现场管理，杜绝类似事故发生。

（4）工程部负责，结合公司施工实际情况，完成公司项目施工管理、工程质量控制的相关制度修订、完善工作并指派专人对现有施工项目的工程质量进行检查，确保项目施工质量，为装置安全生产打下基础。

（5）人力资源部负责，结合公司管理现状，组织完成公司所属各部门职责梳理工作，确保安全生产职责层层落实。

案例66 行车高处人员坠落事故

■ **事故发生时间：2014 年 9 月 26 日**

■ **事故地点：某电石厂冷却厂房**

■ **事故经过：**

19:20 左右，电石车间冷却工序 3 号行车突然发生断电异常，行车在冷破厂房顶部停止运行，行车工 A 便开始联系维保人员进行维修；19:40 左右，行车异常处理完毕，恢复正常运行；20:10 左右，该行车再次出现断电情况，行车停止在顶部无法正常运行，行车工 A 便再次联系维修人员进行维修，同时联系 1 号行车工 B 使用 1 号行车将断电的 3 号行车推至 5 号行车楼梯停靠处，准备下车接受维修，B 接到信息后便驾驶 1 号行车对 3 号行车进行推车处理，行车工在将 3 号行车推至距离 5 号行车楼梯停靠处 5m 左右位置时便停止推车，3 号行车靠自身惯性作用继续前行，在行至 5 号行车楼梯停靠处时行车工 A 迅速从行车平台跳至行车停靠楼梯，在跳的过程中因行车未停稳继续前行，行车工 A 不慎从 10m 高的行车坠落至地面。

⚡■ 原因分析：

（1）车间 3 号行车出现断电异常情况后，行车工联系维修人员进行维修，同时联系 1 号行车工进行推车停靠，但在推车停靠的过程中，因行车未停稳，行车工冒险从行车上离开，因行车惯性作用，未与行车停靠处对称，造成行车工高空坠落是造成事故发生的直接原因。

（2）风险识别、作业标准及管理要求措施落实不到位，公司在行车断电故障处理上未引起足够重视，将行车断电故障视为正常现象。尤其是断电后使用其他行车助力推动故障行车的作业活动行为未进行有效的风险识别，未明确具体的作业标准和管理要求，管理上存在缺陷和不足，是造成事故发生的间接原因。

（3）员工存在侥幸心理。陈某作为行车工，在行车异常故障处理和停靠的过程中，存在一定的侥幸心理，在行车未停稳的情况下（事故后行车继续前行至停靠处 10m 远才停止运行），冒险跳离行车，导致本人从 10m 高空坠落，是导致事故发生的间接原因。

（4）行车出现故障后，现场各级管理人员缺乏安全事故隐患风险意识，行车工在对行车进行推动、人员车辆及故障处理的整个过程管理人员未到现场指挥指导，也未安排相应人员进行监督管理，现场作业缺乏监督管理，是导致事故发生的间接原因。

（5）设备隐患排查治理不彻底，电石厂冷破工序 3 号行车断电故障频繁，分厂未引起足够重视，没有从设备根本去查找事故隐患，是造成事故发生的管理原因。

⚡■ 防范措施：

（1）加强设备断电等异常情况的管理，对行车断电等可能发生的异常情况进行风险识别，纳入风险管理，并根据识别的情况，制定相应的管控措施和方案，对行车人员的安全撤离及故障行车的归位进行明确的要求。在异常情况下进行作业，要有监护人进行监督，并及时落实异常处理情况，保证异常情况下人员安全撤离及行车安全行驶。

（2）加强员工的安全培训教育，增强员工的安全意识，对行车故障异常情况、异常情况的处理方法、行车的安全管理及安全作业要求进行专项培训，提高人员安全意识，保证异常情况下人员的安全。

（3）加强员工对行车的规范操作管理，对换挡、行走速度、制动等操作要有明确的要求，确保员工对设备的正确作用，延长设备及零部件使用寿命。

（4）重视设备隐患的查找工作，及时消除设备隐患，减少设备故障，减少异常情况的发生。

（5）提高设备本质安全性，对行车停靠处的平台过于窄小、缺失有效的固定制动防护措施、滑触线接触不良等问题进行排查和治理，尽快消除各类安全隐患，保证行车的安全稳定运行。

（6）加强设备维修外包单位管理，细化管理工作内容和工作标准，明确行车易损零部件的管理要求和标准，建立健全维护保养的记录台账，并对服务质量进行监督检查。

此次事故，是由于操作人员安全意识淡薄，未辨识出现场作业存在的风险，在行车断电故障的情况下，由其他行车推靠且未停稳便冒险跳离，导致自己从高处坠落摔伤。一个习以为常的行为，没有引起足够的重视。

案例67　清灰作业高处坠落事故

⚡■ **事故发生时间：2019 年 10 月 11 日**

⚡■ **事故地点：某公司石灰库顶**

⚡▓ 事故经过：

原料石灰库顶清灰作业，作业人员 5 人。工作负责人、监护人落实完现场安全措施，吊车操作吊篮将 5 名作业人员吊运到石灰库顶。放平稳后，因够不到挂设安全绳的作业点，作业人员 A 自己解开安全带，离开吊篮去挂设安全绳。A 刚走出吊篮两步，石灰库顶部彩钢板发生塌陷，A 便从石灰库顶坠落至石灰库地面石灰小堆处，造成肋骨骨折、肝挫伤、创伤性肾破裂、耻骨骨折。

⚡▓ 原因分析：

（1）作业人员在石灰库顶轻型彩钢板屋面高处作业，离开吊篮时擅自解除安全带，踩在没有铺设脚手板的彩钢板屋面上，彩钢板因腐蚀已不能承受其重量，彩钢板破裂致使其发生高处坠落，是此次事故发生的直接原因。

（2）监护人监护不到位，作业人员不在监护人视线范围内；监护人对此次吊装作业、高处作业的风险辨识不足，监护人不具备监护能力，是导致此次事故发生的间接原因之一。

（3）其他作业人对高处作业擅自解除安全带的违章行为不提醒、不制止，是导致此次事故发生的间接原因之一。

（4）检维修方案安全措施不完善也是导致此次事故发生的间接原因之一。

⚡▓ 防范措施：

（1）各部门、车间组织员工召开安全警示教育专题会议，严格执行《化学品生产单位特殊作业安全规范》（GB 30871—2014）的要求，吸取事故教训，举一反三。

（2）高处作业必须严格执行《化学品生产单位特殊作业安全规范》（GB 30871—2014）的关于高处作业的要求，落实防坠落安全措施。

（3）高处作业严格执行《化学品生产单位特殊作业安全规范》（GB 30871—2014）中关于在彩钢板屋顶、石棉瓦、瓦棱板等轻型材料上作业，应铺设牢固的脚手板并加以固定，脚手板上要有防滑措施等要求。

（4）对作业审批和监护人加强安全教育，提升监护能力和风险辨识的能力，每月组织监护人、审批人培训和考试。

（5）严格规范作业方案的编制和审核，检维修方案必须与检维修作业内容一致。

（6）吊篮吊人作业时严格控制人数不超过两人。

（7）对全厂彩钢板屋顶、石棉瓦、瓦棱板等轻型材料的屋面进行全面隐患排查，消除隐患。

案例68 巡检工高处坠落事故

🔩■ **事故发生时间：2016 年 10 月 23 日**

🔩■ **事故地点：某电石厂原料车间**

🔩■ **事故经过：**

13:50 左右，原料二车间烘干丙班员工当班期间，在 8-2 皮带条形仓对 10 号料仓进行上料（兰炭湿料），10 号料仓打满后准备至 9 号料仓进行换仓作业。岗位工打开 9 号料仓下料口盖板后，发现移动小车滑线在轨道接头处卡位无法拉动，便站在 9 号料仓防护栏扁铁上处理轨道划线；同时，另一岗位工至皮带机尾准备操作小车向 9 号仓移动，由于扯拉划线的声音消失，便使用对讲机呼喊未得到回应，顺着皮带进行寻找，行至 9 号仓时发现部分小车电源线坠入料仓，检查后确认该岗位工坠入 9 号料仓，经过公司、车间大力救援，14:30 左右被救出，经医院抢救无效，窒息死亡。

原因分析：

（1）当事人未对现场作业风险进行有效辨识，对本岗位的作业风险认识不清，在处理轨道滑线卡位时踩在防护栏扁铁上冒险作业，重心不稳滑跌至 9 号料仓内，是导致此次事故发生的直接原因。

（2）设备管理存在缺陷，原料二车间条形仓 8-2 皮带划线轨道自 10 月 12 日安装后频繁出现卡位现象，滑线不顺畅，需手动挑拨调整滑线，属地车间和设备主管部门均未重视，是造成此次事故的主要原因。

（3）9 号料仓下料口未及时加装格栅，下料口孔洞周围作业时未及时关闭下料口盖板，隐患治理监督不力，风险识别防范意识较低，是造成此次事故的主要原因。

（4）车间私自拆除料仓口防护拉筋，职能处室对车间私自拆除、变更装置缺乏有效监管，是导致此次事故发生的主要管理原因。

（5）专业处室及车间管理人员对隐患治理存在"等、靠、要"的思想，在隐患整改与生产相冲突时，不能够积极主动地想办法，把排除现场隐患放到首位，隐患治理工作搁置，是导致此次事故发生的管理原因。

（6）安全、生产、设备部门在安全生产检查中存在盲点和死角，对现场存在的隐患排查治理不彻底，工作没有落到实处，是导致事故发生的管理原因。

（7）各级领导干部责任心不够，不能够深入一线，风险意识较低，对员工反映的问题不够敏感，未能得到有效解决，是导致此次事故发生的管理原因。

防范措施：

（1）安全、生产、设备专业处室，立即组织对各生产区域孔洞进行地毯式排查，明确时间节点，指定整改负责人，逐项整改验证；同时对之前查出的各类隐患进行再次复查，对重复隐患严肃考核并跟踪验证。

（2）组织专业处室对全厂上料小车划线轨道进行检查，更换通过性较好的钢制划线小车，加固划线轨道，解决轨道卡、堵现象，从根源上杜绝作业人员扯拉划线的问题。

（3）成立生产工艺、设备、安全联合检查小组，对生产现场人的不安全行为、物的不安全状态、管理缺陷重点梳理，确保不留一个死角，消除管理盲点。

（4）由安全环保处组织开展全厂危险源识别现场培训工作，对作业现场各类风险及相应的防范措施逐项验证，确保员工全面掌握本岗位的危险源，严格督查落实执行情况。

（5）由安全环保处组织，按照工艺流程，对全厂各岗位日常作业中存在的问题进行排查，掌握员工在生产过程中遇到的难题，以及员工对本岗位生产工艺、设备方面提出的建议，经现场验证核实制定改进措施，切实将各岗位员工提出的问题得以有效解决。

（6）对全公司皮带廊道和高风险区域进行梳理，识别作业过程中的重大风险，编制作业禁止令，明确禁止内容，制作安全提示牌，进一步提高员工风险防控意识。

（7）生产技术处、机械动力处认真梳理工艺变更和设备变更管理流程，机动处及各车间设备员认真审核计划检修内容，并现场审核作业风险，落实安全措施，防止随意变更造成其他隐患。

（8）强化专业检查和自检自查工作，对各车间、班组岗位进行系统培训和梳理，按照隐患排查治理的标准和要求，完善隐患排查治理机制，每周定时对现场隐患验证落实，及时消除生产、设备、安全和管理中的缺陷，切实保证各类隐患能够有效地整改和预防。

（9）结合此次事故，开展公司级全员现场反事故培训工作，组织各车间、班组分批次到事故现场进行警示教育，总结事故经验教训，杜绝此类事故再次发生。

事故
启示

此次事故，是由于操作人员未辨识出现场作业存在的风险，在清理划线时，未能站在安全的位置，在小车移动过程中，由于落脚点的不稳定，造成该操作工窒息死亡。一个不经意的违章，导致如此严重的后果，值得我们深思。

第九章

爆炸事故

案例69 料仓爆炸事故 »»»

⚡■ 事故发生时间：2012 年 1 月 6 日

⚡■ 事故地点：某电石厂电石炉五楼

⚡■ 事故经过：

15:08 左右，电石车间 4 号炉丁班五楼巡检工李某用对讲机通知配料工张某开始上料，因空气压力低，刮板机运行不正常，7 号料仓上完料后刮板未能完全收回，造成 7 号料仓堵料，班长祁某安排四楼巡检工贾某到五楼协助李某清理 7 号料仓，清理完毕后，李某通知张某按照顺序依次给 8 号、4 号、2 号、1 号料仓各上一批料，当上料至 2 号仓时，1 号料仓发生闪爆，造成巡检工李某、贾某眼部进灰后轻微灼伤。

⚡■ 原因分析：

（1）由于空气压力低，造成环形加料机 7 号料仓刮板没有正常收回，仓内积料，当班人员清理料仓时，延误了 1 号料仓加料，造成 1 号料仓低料位，炉内一氧化碳气体窜至料仓和空气混合发生闪爆，是本次事故的直接原因。

（2）贾某和李某风险辨识能力不足，在清理 7 号料仓时没有意识到后续料仓缺料所带来的风险，缺乏操作经验，是此次事故发生的间接原因。

⚡■ 防范措施：

（1）在空气压力低问题未彻底解决之前，生产技术处重新修订和完善岗位操作法，对加大上料频次、料仓高位报警时必须加料、应急操作方式进行明确，作为工艺操作制度，监督车间严格执行。

（2）专业处室、车间要组织上料岗位开展一次上料岗位危险源辨识活动，让员工了解加料不正常时所产生的风险。今后发生料仓堵料时，采取停电措施，做好人员劳动防护后，再进行料仓清理。

（3）各电石车间要引以为戒，吸取此次事故教训，对料位仪进行校验，认真查找本部门上料管理中存在的不足，避免类似事故发生。

事故启示　　此次事故，是由于操作人员风险辨识能力低下，在清理7号仓时，未对其他料仓的料位进行确认，由于1号仓长时间未加料，导致料仓放空闪爆，造成两名操作工眼部进灰后轻微灼伤。班组对风险辨识的不重视，导致如此严重的后果，值得我们深思。

案例70　电石炉内氢含量超标闪爆事故

⚡■ **事故发生时间：2015 年 4 月 13 日**

⚡■ **事故地点：某电石厂电石炉二楼**

🔆 事故经过：

某电石车间 14 号炉 12:09 按计划停电检修 C4 底环，更换 7 号料柱，C2、C6 接触元件更换碟簧；18:52 完成定检工作送电；21:00 开始提升负荷，22:30 将负荷逐步提升至 29000kV·A。

23:38 电石炉突然发生大塌料，1 号电极电流瞬间从 77.8kA 降至 37.3kA，炉内含氢量从 14% 上升至 20%，随后当班人员发现炉压波动较大，二楼炉面存在冒火现象；23:46 紧急停电检查，随即车间技术人员到炉面周围检查，初步判断炉内出现漏水；厂领导安排将操作人员撤离至一楼，现场技术员、值班长及车间主任在二楼炉面进一步检查，随后将 1 号电极通水设备循环水阀门关闭，但炉内压力仍未得到控制，故对 3 号电极进行断水操作；4 月 13 日 0:25，电石炉二楼平盖板处突然发生闪爆，电石炉喷出的高温气体，将正在电石炉二楼入口处观察炉盖板情况的车间主任丰某及主任助理方某两人面部灼伤，两人迅速到应急喷淋处进行降温处理。

🔆 原因分析：

（1）由于石灰石、兰炭购进量较低，使用部分春节前库存石灰石及兰炭，此部分原料粉末大，进入炉内后在料面产生的粉末无法清理完全；检修完送电后料面局部产生板结，影响料层透气性，导致炉内发生大塌料，直接造成炉内水冷设备漏水，是此次事故的直接原因。

（2）电石炉发生大塌料后导致水冷密封套、通水软管打漏，大量冷却水进入炉内与料面电石发生化学反应，产生乙炔、氢气并与炉内一氧化碳气体形成混合爆炸性气体，达到爆炸极限后进而发生闪爆是此次事故的又一重要原因。

（3）应急指挥人员凭经验违反撤离指令返回应急现场组织操作，是此次事故发生的间接原因。

（4）公司对电石炉异常情况的危辨分析评价结果偏低，对电石生产现场应急处置器材考虑不周、配备不全，未制定管理人员应急指挥时的防护标准和要求，是此次事故发生的管理方面原因。

🔆 防范措施：

（1）生产技术处负责加强石灰及炭材入炉质量控制管理工作，预防因料面粉末高，透气性不好，发生塌料事故。

（2）做好事前预防，由电石炉技术管理小组负责每日对炉况稳定运行情况进行评价，制定有效措施，特别是检修完成送电开车后，要加强料面处理工作。

（3）安全环保处要重新组织开展危险源辨识工作，对电石炉各类异常情况的危险性分析评价，必须结合历年来典型案例进行，确保危险性分析结果和预防措施有效、准确；同时，要结合同行业相关标准，选择配备耐热、耐高温阻火服等应急器材，以满足突发情况下应急处置防火防爆要求。

（4）生产技术处结合此次事故，进一步细化完善电石炉异常情况下现场处置预案，并组织做好操作人员的培训教育工作；安全环保处负责组织做好各类突发情况下，应急操作演练工作，提高员工应对突发事件的能力，防止类似事故再次发生。

事故启示 此次事故，是由于操作人员未辨识出现场作业存在的风险，在不能断定炉内情况时，依靠自己的经验进行处理，在检查的过程中，电石炉内的高温炉气喷出，造成两人烫伤。事故出于麻痹大意，导致如此严重的后果，值得我们深思。

案例71 电石炉炉门框闪爆事故

⚡▮ **事故发生时间：2011 年 5 月 14 日**

⚡▮ **事故地点：某电石厂电石炉一楼**

⚡▮ **事故经过：**

19:40 左右，某电石车间 3 号炉丙班打开 2 号炉眼正常出炉。在 20:00 左右，排出的铁水量突然增大，将炉门内框击穿后发生连续闪爆事故，事故发生后，车间及电石厂相关人员立即赶赴现场进行处理，炉眼炉门框修复完毕投入正常生产。

⚡■ 原因分析：

（1）当班操作人员，操作经验不足，在铁水量大时，采取的处理措施不当，没有将铁水顺着炉舌流料槽进行引流，反而采取用电石渣进行封堵，导致电石流料槽升高，致使铁水从炉舌两侧流出，将炉门内框击穿、漏水，发生高温电石遇水闪爆，是此次事故发生的直接原因。

（2）3号电石炉2号炉眼偏大、深度过深，在开炉眼时，炉眼位置较低，导致积存的部分铁水排出，是此次事故的原因之一。

（3）车间对员工工艺操作管理不严格，对开炉、出炉过程检查不到位，负有管理责任。

⚡■ 防范措施：

（1）车间要加强日常出炉操作管理，做好炉眼维护工作，保持好炉眼的位置，避免出现炉眼过大、深度过深、方向不准确的现象。出炉过程中要注意硅铁流出的情况，发现大量排出铁水时，要设法控制硅铁流量，无法控制时，要立即关闭出路系统冷却水阀门，防止硅铁烧穿炉前冷却设备。

（2）车间要对出炉系统循环水路进行改造，在电石炉二楼增设一个水路控制截止阀（保证一开一备），每月对水路控制阀进行两次试用，确保阀门完好，在电石炉一楼水路阀门控制台周围，加装移动防护阻隔屏障，确保操作人员在此处应急操作时的人身安全。

（3）各电石车间要认真吸取此次电石闪爆事故的经验教训，根据此次事故暴露出的问题，一方面要加强出炉操作人员对电石炉炉前循环冷却水系统的熟悉程度，另一方面要定期组织开展循环水系统阀门识别、开启、现场跑位等应急演练，提高操作人员判断和处理电石炉循环水系统突发事件的应急能力。

此次事故，是由于操作人员技能水平低下造成的，在发生异常情况时，未对炉眼采取正确、有效的措施，导致在作业过程中，铁水将炉门内框击穿后发生连续闪爆。看似极为简单的操作失误，导致如此严重的后果，值得我们深思。

案例72　造气炉燃爆事故

>>>

⚡■ **事故发生时间：** 2017 年 7 月 26 日

⚡■ **事故地点：造气车间**

⚡■ **事故经过：**

　　某单位能源事业部开始逐步对停产的造气车间进行复产工作。为增加煤气供应量，拟依序投用南造气车间三号系统 12～15 号造气炉。

　　10:40 左右，能源事业部部长通知工艺技术员检查南造气车间三号系统。16 时许，工艺技术员回复三号系统只有 12 号造气炉各系统情况正常。16:30，工艺技术员指示造气二班班长到三号系统检查确认正常后就开始垫渣。17:30，操作工丙因工作内容太多，无法一人完成，告知二班班长要求增加人员，二班班长便安排操作工丁去协助配合操作工丙的工作。17:44，操作工丙、丁和二班班长到达 12 号炉现场，操作阀门向炉膛内放煤进行垫渣，在此期间操作工丙上到加焦机平台数次动作阀门。18:06，12 号造气炉煤仓底部插板阀与加焦机之间的下煤通道处冒黑烟，随后 12 号造气炉发生燃爆。

　　事故发生时，有一家承包商正在南造气车间进行复产前的检修作业，还有几家承包商作业人员正在南造气车间内外进行管道防腐保温作业，总人数有 135 人。事故共造成 5 人死亡、15 人重伤、12 人轻伤，直接经济损失共计 2403 万元。

↯■ 原因分析：

（1）操作人员违规将放煤通道三道阀门同时打开，致使放煤落差高达 13m，放煤过程中大量煤尘形成了爆炸浓度的煤尘云，在富氧条件下，遇到阴燃的煤粉，发生了燃爆，是此次事故发生的主要原因。

（2）未按照《造气系统停车方案》，将停用的 12 号造气炉氧气管道进行隔离，自停产到恢复生产之日，12 号造气炉一直处于富氧环境（50％氧气含量），为煤粉燃爆提供了助燃环境。

（3）未按照《造气系统停车方案》，将煤仓中的煤粉及时清理，12 号造气炉煤仓中的煤粉放置长达 3 个多月，致使煤粉在富氧环境下发生了阴燃，为煤粉燃爆提供了点火源。

（4）对从业人员安全教育不到位，未督促从业人员严格按照操作规程和规章制度进行作业，违规将放煤通道的三道阀门同时打开，使其形成达到爆炸浓度的煤尘云。

（5）在 12 号造气炉垫渣过程中，DCS 操作人员未观察到造气炉内部的氧含量、温度、流量等参数的异常变化，未将事故征兆及时反馈至现场操作人员。

↯■ 防范措施：

（1）高度重视开停车前的条件确认工作。在开停车过程中，系统内部原先的稳定状态被打破、设备设施冷热状态交替，易发生介质互窜、危险物质混合、泄漏等问题；同时在开停车过程，操作人员往往比较繁忙，更易造成开停车条件确认不到位的问题。为保障开停车安全，开停车前应对系统可能存在或新增的危害因素进行辨识分析，完善开停车操作方案，制定详细的开停车步骤、条件确认表，落实多级确认工作，保障开停车安全。

（2）企业应加强操作规程和开停车操作方案学习，注重培训实效。在每次组织开停车之前，先对员工展开培训，既要让员工掌握操作步骤和方法，也要让其了解到安全操作的意义和目的，加深员工的安全操作意识。

（3）加强开停车现场管理。在进行开停车前，应严格控制现场人数，严禁无关人员进入现场。有施工人员的，应事先告知施工人员暂停施工，防止事故对施工人员造成伤害。

（4）企业应加强检维修安全管理，督促各项工作严格按照程序和步骤开展。在系统进行检维修前，务必清除系统内部留存的危险物料并将系统置换干净；对无法满足置换条件的设备或管道，应采用阀门先行隔离，然后再泄压加装盲板，使其与需要检修的设备或管道完全隔离，保证检修安全，避免在生产恢复阶段引入新的安全隐患或风险。

事故启示

此次事故，是由于操作人员违规造成的，在进行开车操作时，未能按照《造气系统停车方案》进行，导致在作业过程中，形成了爆炸浓度的煤尘云，在富氧条件下，发生了燃爆。

案例73 乙炔超标闪爆事故

⚡■ **事故发生时间：2012 年 8 月 6 日**

⚡■ **事故地点：某电石厂电石炉二楼**

⚡■ **事故经过：**

　　某施工队在某电石厂挖炉子时，由于炉内电石较硬，撬不动，需要放少量的水，施工队负责人安排工人打开水管阀门开始放水，然后到中控室通知仪表工补水，随后负责人以及挖炉工 3 人（施工队员工）到东侧集水槽旁休息，对放水量没有进行跟踪，5min 后，一车间机修工由 4 号炉二层向东侧楼梯准备下楼，突然 3 号炉发生闪爆，将现场 5 人烧伤。

（1）挖炉施工队在炉内放水过多，产生大量乙炔气体。

（2）挖炉施工队在进行放水作业时未做必要的安全预防措施，也未提醒旁边4号炉检修人员3号炉将要进行放水作业，施工队自身安全管理不到位，导致挖炉人员对工作期间的危险认识不清。

（3）对外来施工队安全监督不到位，对本车间员工安全教育力度不够，员工对现场施工中可能发生的危险认识不足。

（4）在配合外来施工队期间虽提供了轴流风机，但是在8月6日整个作业过程中未使用，造成二层平台乙炔气体大量聚集。另外现场照明未使用防爆灯具而是使用了化工作业严令禁止的碘钨灯，为乙炔气体闪爆提供了足够的热源。

⚡■ 防范措施：

（1）各生产责任单位要加强对外来施工人员作业的安全监督管理力度。

（2）要求外来施工队做好自身安全管理，安全教育，进行危险作业应先采取必要的安全措施，确保安全之后再开始作业。

（3）各级管理人员要充分认识安全工作在生产中的重要性，在进行任何作业时必须确保操作规程的遵守和安全措施的落实。

事故启示　　此次事故，是由于操作人员违规造成的，在进行作业时，挖炉施工队在进行放水作业前未做必要的安全预防措施，施工队自身安全管理不到位。导致如此严重的后果，值得我们深思。

案例74　电极软断爆炸事故

⚡■ **事故发生时间：2017 年 12 月 23 日**

⚡■ **事故地点：宁夏某电石厂**

⚡■ 事故经过：

宁夏某电石厂新建两台电石炉，开始焙烧 1 号炉新电极，前两天电极焙烧正常，第三天电极端头已基本形成固化物，电极底部铁板消耗完毕，第四天中午电极在焙烧过程中炉内散发出大量的电极糊挥发分，此时弧光也很大，无法辨别炉况，负责开车的周某见此状况开始压电极。23 日晚上 10 时左右另一负责人在巡查时发现电极位置较高再次压放电极，次日早上周某发现电极弧光减弱电流变化较快，试着提了一下电极，但见电流无变化就再次提电极，提电极后准备到炉前观察炉况。此时操作工发现电流突然下降，电石炉内冒出大量黑烟，火花四处溅落，见此状后迅速下令停炉。此时炉内发生一声巨响，设备炉门、防爆孔全部炸飞，一名正在外面巡检的工人当场炸死，一名加电极糊工人脸部烧伤达到 80%。

⚡■ 原因分析：

（1）电极压放过量，电极焙烧硬度不够造成电极变形、有裂纹，在提电极时电极断裂，电极糊外漏产生爆炸。

（2）负责的工艺员对无法辨别的炉况没有及时停炉观察，盲目操作造成电极断裂。

（3）操作人员观察不仔细，发现事故不及时，造成事故恶化。

（4）操作工安全意识淡薄，自我防护意识差。

（5）工艺负责人员责任心不强，思想麻痹大意，没有相互沟通探讨，解决问题不及时。

（6）管理不当，电极糊质量差，灰分、油分过大，电极强度不够。

⚡ 防范措施：

（1）加强员工的培训，增强员工安全防护、保护意识。

（2）严格管理，严格执行操作规程，工作认真仔细，精心操作，对变化较大的工艺要及时汇报上级领导说明。

（3）加强电极糊管理，严格电极糊验收制度，杜绝不合产品进入，防止事故再次发生。

（4）各级管理人员要从细节上观察事物，不能盲目操作指挥，所有人员要认真分析、学习案例，引以为戒。

事故
启示

此次事故，是由于负责的工艺员对无法辨别的炉况没有及时停炉观察，盲目操作造成的，在无法确认电极烧结的情况下，盲目进行电极压放。在提升电极过程中，电极断裂，造成一死一伤。违章指挥，导致如此严重的后果，值得我们深思。

第十章

中毒事故

案例75 电石炉四楼一氧化碳中毒事故

>>>

⚡■ **事故发生时间：2017 年 2 月 5 日**

⚡■ **事故地点：某电石厂电石炉四楼**

⚡■ **事故经过：**

14:15 左右，某电石厂电石炉巡检工一人去电石炉四楼给电石炉加料。14:40，电极壳焊接工上四楼准备焊电极壳时，发现其一氧化碳中毒倒地，立即抬至一楼，分厂调度联系车辆将其送往医院抢救。

⚡■ **原因分析：**

（1）气压不足导致电石炉四楼环形加料机刮板变为手动，必须人工现场操作加料，致使一氧化碳中毒。

（2）员工违章作业，在危险部位现场作业时，未携带一氧化碳气体检测报警仪，未按规定实行双人巡检制，无人监护。

（3）电石厂对安全问题不够重视，员工安全意识淡薄，自我防护意识差。

⚡■ **防范措施：**

（1）电石分厂加强安全教育，提高员工的安全防护意识，对高危区域设立固定一氧化碳检测仪，并在醒目处悬挂明显的安全警示标语。

（2）严格按规定要求员工进入危险区域工作时，必须携一氧化碳气体检测报警仪，并实行双人巡检制。

（3）电石分厂加强设备的日常维修保养，出现故障及时排除，以免设备事故造成伤人事故。

事故启示　　此次事故，是由于设备维护不到位导致的中毒事故，暴露出企业在设备管理方面存在重大漏洞，在今后的生产安全工作中，我们一定要认真吸取事故教训，加强设备专业管理，保证设备完好运行和化工过程安全要素管理，杜绝同类事故的再次发生。

案例76　净化装置一氧化碳中毒事故

⚡■ **事故发生时间：2013 年 8 月 19 日**

⚡■ **事故地点：某电石厂电石炉净化装置**

⚡■ **事故经过：**

16:40 左右，某电石厂二车间净化负责人带领电工、净化管理员、机修工到 6 楼更换粗气风机进口膨胀节。17:30 左右在安装膨胀节密封垫时，密封垫脱落，此时机修工靠近风机膨胀节处用焊条勾垫片，在勾垫片过程中感觉头有些晕，立即意识到自己煤气中毒了，第一反应马上离开现场，在走到 6 楼平台时被挡板拌了一下，便晕倒在地。几人看到情况不对，立即停下维修膨胀节，将机修工背离现场。

原因分析：

（1）净化风机管道内有残留煤气溢出，在对风机进行氮气置换时开机时间只有 5min，置换不彻底。

（2）在维修膨胀节时作业人员均未佩戴防毒面具，且靠近风机进口距离太近，并在下风口。

（3）维修人员自我安全保护意识差，现场安全隐患排查不到位，相互监督不到位。

防范措施：

（1）安全环保处立即对现有净化各项管理规章制度进行检查完善，及时下发宣讲，并监督检查执行。

（2）电石厂立即组织各车间净化人员对 6 号炉煤气中毒事件进行分析，从中吸取教训，查找安全管理和净化检修操作中存在的问题，组织净化相关人员学习净化安全操作规程。

（3）安全环保处立即检查各厂危险区域各类作业票开具及执行情况，并规定电石厂二楼以上危险区域进行设备检修时必须通知安全环保处并开具相关设备、动火、登高等作业票据，形成自上而下的一体监督体制，车间每一次检修作业，管理人员要清楚、跟踪、监督、检查、监护，要有人管。

（4）针对此次事故，各分厂在煤气、有毒气体区域检修作业时必须佩戴相应的劳动安全防护用具及检测仪器，并随时准备通风设备进行通风，电石厂各车间在 4楼、5 楼必须长期配备轴流风机，以便安全作业使用。

（5）电石厂立即组织出台净化管理人员岗位制度、考核制度，明确净化人员岗位职责，责任到人。并协同安环处卸灰人员相互监督，明确各自责任，严格按卸灰制度进行卸灰操作，以此保证净化设备安全运行。

（6）以上措施安全环保处全面跟踪监督落实。

事故启示

此次事故，是由于风险辨识不到位导致的中毒事故，暴露出企业在检维修管理方面存在重大漏洞，在今后的生产安全工作中，我们一定要认真吸取事故教训，加强检维修作业安全管理，严格落实各项安全措施，杜绝同类事故的再次发生。

案例77　兰炭炉煤气中毒事故

⚡■ **事故发生时间：2015 年 9 月 12 日**

⚡■ **事故地点：某电石厂兰炭炉炉顶**

⚡■ **事故经过：**

　　依据公司检修计划安排，2015 年 9 月 5 日起电石厂兰炭二车间停产焖炉，9 月 10 日起停动力电，进行二期检修。停电期间，由柴油发电机给兰炭二车间供应动力电，间歇上料，以确保兰炭炉停电期间的安全，但因现场配备的柴油发电机于 9 月 11 日 14：00 左右损坏，兰炭炉长期未上料，炉顶料层逐渐减薄。至 2015 年 9 月 12 日下午 18：45 分，外线检修完毕，电石厂兰炭二车间具备送电条件。车间副主任立即安排上煤工三人至炉顶进行加煤作业。

　　三人做好基本防护后到达炉顶并分片区开始加煤作业。约 18：55 左右，负责南侧加煤的沙某感觉头晕，便前往 3 号炉炉顶处休息。负责北侧皮带加煤的马某在作业过程中，感觉呼吸不适，摘除防毒面具后继续作业。在作业过程中，马某煤气中毒晕倒，被巡检工发现。

　　在试图施救时，发现一人无法完成，便立即呼救。在 3 号炉炉顶处休息的沙某听到呼救声后立即赶至现场，两人将马某转移至 8 号炉炉顶楼梯处后，便无力前行。约 19：00 左右，闻讯赶来的同事合力将三人转移至地面并立即施救，同时将情况报告至车间领导。

⚡ 原因分析：

（1）兰炭炉顶作业的人员在处理生产异常时，使用不适宜的个人防护设施，且当事人擅自摘除个人防护用品，是造成此次事故的直接原因。

公司现场配发的隔离式防毒面具，仅适用于正常生产情况下现场作业人员的个人防护和紧急状态下的逃生，不适宜在生产异常、高浓度危险气体环境下使用。三人在进入炉顶作业前虽做了基本的个人防护，但因电石厂9月10日检修停电后，备用柴油发电机损坏，长时间未上料，炉内缺煤严重，料仓内CO浓度逐步升高。加煤作业时，大量CO气体从加料口处溢出，致使现场作业的三人先后发生中毒。

（2）电石厂兰炭二车间领导对生产异常情况下，作业环境中的危险因素变化认识不足，在安排人员进入现场操作时，未依据作业现场实际情况调整人员防护措施，工作安排粗放，是造成此次事故的主要原因。

（3）电石厂生产处领导、兰炭二车间领导虽认识到长时间停电对装置产生的威胁，并协调柴油发电机作为临时电源供电，但在9月11日发电机损坏后，未及时依据工艺需要，协调备用发电机给装置送电，导致兰炭炉长时间不能加料，料层较薄，料仓内聚集的大量CO气体在加料作业时溢出，使现场作业人员发生CO中毒，这是造成此次事故的又一主要原因。

（4）电石厂编制的炉顶操作规程存在严重缺陷，操作规程中未详细、明确地列入炉顶加煤作业的安全作业要求及方式，是造成此次事故的管理原因。

（5）电石厂兰炭炉装置自动化控制水平较低，现场作业环境差、通风条件不足，始终存在煤气大量溢出和人员现场作业交叉的风险。而分厂及公司相关职能部门对该风险认识不足，未能结合现场实际情况优化现场作业控制方式，也未制定有效防控措施，是造成此次事故的根本原因。

（6）此次事故还暴露出现场对讲机数量不足，应急状态下，现场人员无法与外界有效沟通，易导致事故后果进一步扩大的问题。

⚡ 防范措施：

（1）由电石厂负责，完成兰炭炉顶的操作安全规程及安全作业指导书的修订和下发工作，明确炉顶加煤作业方式、信息沟通、工艺指标控制、劳动防护、应急救援等内容。在兰炭二车间开车前，完成第一批次培训并在后期不断加强，同时加强现场监管，确保员工严格按规程操作，逐步规范员工行为。

（2）由电石厂负责，会同生产、设备、安全环保等部门，结合工艺操作要求及现场实际情况，完成炉顶环境改善和加料改善方案，从根本解决炉顶作业长期存在的高风险问题。方案完成实施之前，电石厂负责做好临时防控措施。

（3）由电石厂负责，安全环保部配合，结合现场实际情况，完成兰炭炉操作劳动防护用品的选型及配发标准制定工作，指派专人对使用情况进行跟踪落实。

（4）由电石厂负责，完成兰炭炉整体开车安全生产方案的编制、审核工作，依据方案逐步完善兰炭炉操作控制。

（5）由电石厂负责，组织各车间、处室认真学习《危险性作业安全管理实施指南》和《关于开展工作前危害分析安全技术交底工作的通知》等相关制度的要求。进行各类危险性工艺操作前必须进行危害分析，并制定作业安全方案，对于经常性危险作业根据危害辨识结果，制定安全作业指导书，作业前做好安全技术交底工作，相关人员必须进入现场核实各项措施，方可实施作业。由电石厂安环处对各车间、处室的学习、安全活动进行落实、检查。

（6）由电石厂负责，立即组织员工对此次事故进行认真学习，吸取事故教训，并按照"四不放过"原则，结合本职岗位，开展自查自改工作，认真梳理工作中存在的管理盲点，认真辨识岗位存在的各种风险，完善有关操作规程和技术要求，杜绝类似事故的发生。

（7）由生产管理部负责，结合公司现场实际情况，编制、修订完善公司检维修作业及开停车期间应对异常、特殊情况的应急预案，规范派工、作业管控及开停车和事故管理程序，各分公司严格按制度要求执行，以加强现场管理，杜绝类似事故发生。

事故启示

此次事故，是由于风险辨识不足，设备管理混乱导致的中毒事故，暴露出企业在检维修管理方面存在重大漏洞，在今后的生产安全工作中，我们一定要认真吸取事故教训，并举一反三，总结、分析日常管理中的不足和管理上的盲点和死角，制定、完善安全操作规程，加大现场监督和制度执行、落实力度，深入、细致地开展风险管理和隐患排查治理工作，落实整改措施，杜绝各类事故的发生。

案例78　煤气平衡柜一氧化碳中毒事故 ▶▶▶

⚡▤ 事故发生时间：2015 年 11 月 4 日

⚡▤ 事故地点：某电石厂一氧化碳气柜处

⚡▤ 事故经过：

19:30 左右，二期气柜 B 组气液分离器排污阀堵塞，因现场照明不足，当班班长安排岗位巡检工叫来主控工在现场使用手电照明，准备好扳手等工具后佩戴 5 号滤毒盒应急逃生口罩，使用扳手松开了排污截止阀和罐体连接处的螺栓，罐内积水排出后发生煤气泄漏，致使现场作业人员和使用手电照明人员出现轻度煤气中毒。

⚡▤ 原因分析：

（1）作业人员在对 B 组气液分离器排水疏通作业前，没有意识到作业的危险性，在未佩戴有效防护用品（正压式空气呼吸器）的情况下，直接用扳手松开与气液分离器联通的截止阀前的螺栓，导致煤气泄漏，造成人员中毒，是此次事故发生的直接原因。

（2）燃气输送工序管理人员对此次作业职责不清，对夜间检修作业升级管控不到位，将本该定为检修的作业，当作日常作业对待，是造成此次事故的主要管理原因。

（3）车间管理人员自身专业技能不强，缺少对员工煤气区域作业的专项培训，员工缺乏煤气知识，无知无畏、野蛮作业，是造成此次事故的管理原因。

（4）燃气输送工序管理人员对煤气区域作业不重视，对作业环节没有进行指导、跟踪，致使员工在作业过程中无人监管，违章作业，是造成此次事故的又一管理原因。

⚡ 防范措施：

（1）各车间、中心对此次事故认真组织学习，管理人员首先提升自身技能，每日利用班前班后会时间针对煤气基础知识、正压式空气呼吸器的使用进行全员轮训，做到全员懂煤气基础知识，人人会使用正压式空气呼吸器，安全环保处、综合处对培训效果进行随机抽查。

（2）作业负责人、监护人对现场作业步骤认真梳理，对可能存在的风险进行层层辨识，做好安全技术交底，防范措施落实后方可进行作业。

（3）夜间值班人员应加大对夜间现场的巡检力度，加强日常检修和夜间检修控制，夜间检修作业由安全环保处、机械动力处双方共同确认，安全措施落实后方可作业，对不影响生产的夜间检修作业，一律不得安排作业。

（4）煤气区域作业人员在进行每项作业前，必须提前对作业区域及作业内容以书面形式进行危险辨识，制定防范措施，由厂级、车间管理人员进行审核、补充，并加以引导，规范煤气区域，进而提高员工自身安全技能。

事故启示　此次事故，是由于风险辨识不足，企业在检维修管理方面存在重大漏洞导致的中毒事故，在今后的生产安全工作中，要总结、分析日常管理中的不足和管理上的盲点和死角，制定、完善安全操作规程。

案例79　氢氧分析柜内一氧化碳中毒事故

⚡ 事故发生时间：2013 年 11 月 17 日

⚡■ 事故地点：某电石厂电石炉氢氧分析室内

⚡■ 事故经过：

19:00 左右，某公司动力车间员工 A 按照正常上班时间前往单位上班。18 日凌晨 05:30 左右，A 接到 6 号电石炉岗位配电工通知"净化系统送往石灰窑的炉气不正常，需要对在线监测分析仪进行检查"。接到通知后，A 及时联系 6 号炉净化系统巡检工 B 前往 6 号电石炉氢氧分析室进行检查。两人到达 6 号电石炉氢氧分析室后，按照规定要求打开门窗进行通风，同时 A 使用便携式 CO 检测仪进行监测，待室内条件符合要求后两人进入室内开始检查氢氧分析仪。06:00 左右，两人检查和标定完氢氧分析仪后便锁门离开，但未对现场存在的泄漏点进行处理。B 在离开后私自再次来到 6 号电石炉氢氧分析室内，在没有采取任何检测和防护措施、也未佩戴便携式 CO 检测仪的前提下，打开分析室门进入室内取暖休息。08:50 左右，当班值班电工发现 B 长时间未见，便开始联系，此时 B 已无法联系到，班长立即组织班组人员开始全厂寻找。直到 09:15 左右，同事在 6 号氢氧分析室窗外发现室内的电暖气倒地，同时看到室内氢氧分析柜体右侧有人卧倒，立即打开窗户翻越进去急救，随后通知班长及公司相关领导。公司紧急联系送往医院抢救，经医院诊断已死亡，后经确诊为一氧化碳中毒死亡。

⚡■ 原因分析：

（1）6 号电石炉净化系统氢氧分析仪柜内的真空泵出现泄漏点，CO 泄漏至室内。事故发生时室内门窗关闭、通风设施损坏等因素，造成 6 号炉氢氧分析仪室内的 CO 浓度超标，员工 B 未意识到现场潜在的危害，违反劳动纪律，在室内取暖休息时发生CO中毒窒息死亡，是导致本次事故的直接原因。

（2）公司专业技术力量薄弱。电气、仪表、设备、工艺、生产技术、安全环保等方面的专业技术力量严重匮缺。特别是电气、仪表技术人员缺少，基础管理薄弱，处室缺乏电气、仪表专业管理，工作标准、岗位职责、管理流程不规范，现有的专业技术人员基础知识和业务技能水平不能有效满足安全生产的需要，是导致事故发生的根本原因。

（3）公司设备本质安全性、设备设施管理、设备维护保养、设备气密性试验等专业管理机制还未形成，设备维护保养机制不健全、岗位巡回检查标准不明确，导致现场的设备泄漏、轴流风机损坏、固定式CO报警仪缺失、设备气密性缺陷等问题长期存在而未得到彻底解决，是导致事故发生的管理缺陷之一。

（4）公司安全生产隐患排查治理工作没有落到实处。氢氧分析室是CO积聚的主要危险区域，公司安全、生产、设备部门在安全生产检查中存在盲点和死角，没有及时发现和治理。电仪人员、管理人员发现所分管的设备有泄漏点后，未意识到现场潜在的安全风险，也未采取有效的防范措施，未及时对设备泄漏点、损坏的强制通风设施等安全隐患进行整改，致使6号氢氧分析室设备泄漏隐患存在一个多月，是导致事故发生的管理缺陷之一。

（5）公司对CO积聚的主要危险区域风险识别、关键部位的危险源辨识工作不扎实。年度危险源辨识工作中未对其进行有效识别，未根据现场风险制定相应的安全防范措施和管理要求，员工在日常巡检、检维修作业过程中对其认识不足，是导致事故发生的管理缺陷之一。

⚡■ 防范措施：

（1）由公司主要领导牵头，主管安全、生产、设备的领导配合，每月开展一次全面系统的、地毯式的安全隐患大检查，彻查工艺、设备、安全生产、管理上存在的不足和缺陷，制定防范措施、落实整改。

（2）及时消除各车间氢氧分析仪室管理中存在的缺陷，对所有分析仪进行认真排查，更换所有泄漏的真空泵，恢复分析室内轴流风机、安装固定式一氧化碳检测仪，实行双人双锁管理。

（3）由安全环保处制定公司煤气区域巡检和检维修作业管理规定，对电工、仪表工双人巡检、双人作业、专人监护，煤气区域检修等提出明确要求，完善管理流程，加大对煤气区域的管控力度。

（4）机械动力处要按照设备专业化的管理要求，从设备本质安全性入手，加强设备设施专业管理，系统梳理内部设备管理机制，完善相关标准和要求，强化关键设备设施、安全设施管理，从本质上提升设备管理水平。

（5）安全环保处要指导各车间深入、系统地开展隐患排查治理工作，对各车间、班组岗位进行系统培训和梳理，按照隐患排查治理的标准和要求，建立有效的隐患排查治理机制，各车间要严格执行每周查隐患工作要求，在查隐患的深度和力度上下功夫，及时消除生产、设备、安全和管理中的缺陷，切实保证各类隐患能够有效地整改和预防，避免类似的事故再次发生。

（6）安全环保处牵头定期对生产现场 CO 有毒有害区域开展专项检查，针对电石炉氢氧气分析室等 CO 集中的区域要制定具体管理制度和标准，明确各个区域的安全要求、巡检标准、设备检维修标准及异常情况判断和应急预防措施等要求，切实保障现场安全管理。

（7）安全环保处牵头开展全员危险源识别和评价，重新对生产现场进行危险源辨识和识别，对识别出的各类风险要制定相应的安全防范措施，并认真组织员工学习，保证班组员工全面掌握本岗位的危险源，严格督查落实执行情况。

（8）各处室、车间要结合生产现场实际工作，本着"缺什么、补什么"原则，系统开展和加强技术人员、岗位员工专业知识培训教育工作，通过培训进一步提高各级人员的技能素质和安全意识。

事故启示　此次事故，是由于公司安全生产隐患排查治理工作没有落到实处，处室缺乏专业管理，工作标准、岗位职责、管理流程不规范，因此要严格执行每周查隐患工作要求，切实保证各类隐患能够有效地整改和预防，避免类似的事故再次发生。

案例80　环形加料机内一氧化碳中毒事故

⚡■ **事故发生时间：2014 年 12 月 24 日**

⚡■ **事故地点：某电石厂电石炉四楼**

⚡ 事故经过：

某电石车间机修工下午刚接班就接到通知，16 号炉环形加料机有 5 个刮板器轴磨损严重需要更换，找了 5 个刮板器轴到四楼，与巡视工一同打开环形机盖板进行维修。在修完第一个刮板器轴，开始拆第二个刮板器轴时发现轴已磨损，用扳手无法拆卸，于是下楼去找管钳来拆卸。由于二楼正在维修，管钳也在使用，就在二楼帮忙。直到 18:30 左右才拿了管钳到四楼与巡检工一起打开环形机的一个盖板，进入里侧，两人用工具开始拆卸第二个轴，2～3min 后巡检工突然发现维修工的管钳跟着转动，抬头再看已瘫软一动不动。巡检工意识到维修工可能 CO 中毒，立即将环形机外拉，同时用对讲机向中控呼救。

⚡ 原因分析：

（1）机修工、巡检工在检修环形加料机时未按公司规定开具检修作业票，未对检修区的现场环境进行确认检测，盲目进入危险区域进行检修作业。

（2）检修作业时，被检修的刮板器轴靠近未打开仓盖的区域，检修时在未打开的仓盖下作业，空气流通不畅。

（3）机修工、巡检工安全防护意识淡薄，危险区域检修均未佩戴一氧化碳检测仪，毫无自我保护意识。

⚡ 防范措施：

（1）电石四车间立即组织相关人员进行事故分析，进行培训教育，做好人员组织与培训档案。

（2）电石四车间完善监控、检测设施的使用维护管理制度。

（3）电石厂各车间在元月期间必须进行一次设备检修安全作业培训，主要学习作业票开具程序以及检修过程相关安全防护知识。

（4）安全环保处立即检查各车间危险区域各类作业票开具及执行情况，二楼以上危险区域进行设备检修时必须通知安全环保处并开具相关设备、动火、登高等作业票据，形成自上而下的一体监督体制，车间每一次检修作业，管理人员要清楚、跟踪、监督、检查、监护，落实责任人。

（5）针对此次事故各车间在煤气、有毒气体区域检修作业时必须佩戴相应的劳动安全防护用具及检测仪器，并随时准备通风设备进行通风，电石各车间在4楼、5楼必须长期配备轴流风机，以便安全作业使用。

（6）电石各车间安全管理人员在元月期间制定出各区域安全作业指导书，规范各类安全作业。

（7）安全环保处立即组织安全人员对电石厂所有应急救援器材进行检查，并立即安排安全员对分厂进行应急救援知识培训，让员工了解如何使用应急救援器材。同时跟踪监督各车间危险区域的防范措施落实情况，并长期跟踪保持下去。

事故启示　此次事故，是由于人员安全意识淡薄，对公司规定的漠视导致的中毒事故，在设备检修中应加强人员的安全意识，加强培训教育，将安全措施全面跟踪、落实到日常工作当中，长期保持安全、合理的监督管理工作。

第十一章

危化品行业事故案例

案例81　某医药公司较大爆炸火灾事故

▶▶▶

⚡■ 伤亡人数： 3 人死亡

⚡■ 经济损失： 400 余万元

⚡■ 事故类别： 爆炸类

⚡■ 事故经过：

1 月 2 日，当班员工由于 24 小时上班，身体疲劳而在岗位上瞌睡，错过了投料时间，本应在前一天晚上 11 时左右投料，却在凌晨 4 时左右才投料；滴加浓硫酸并在 20～25℃保温 2h 后交班，但却未将投料时间改变和反应时间不足的情况向白班交接清楚。

白班人员未按操作规程操作，就直接开始减压蒸馏。蒸馏约 20 多分钟后，发现没有甲苯蒸出，操作工就继续加大蒸汽量（使用蒸汽旁路通道，主通道自动切断装置失去作用），8:50 左右发生爆炸，并引起现场设施和物料起火燃烧。

⚡■ 原因分析：

（1）当班工人在开始减压蒸馏操作时甲苯未蒸出，就擅自加大蒸汽开量且违规使用蒸汽旁路通道，致使主通道气动阀门自动切断装置失去作用。蒸汽开量过大，外加未反应原料继续反应放热，釜内温度不断上升，并超过反应产物（含乳清酸）分解温度（105℃）。反应产物（含乳清酸）急剧分解放热，釜内压力、温度迅速上升，最终导致反应釜超压爆炸，是此次事故发生的直接原因。

（2）公司对蒸汽旁通阀管控不到位，既未采取加锁等措施杜绝使用，也未在旁通阀上设置警示标志，在作业工人违规使用蒸汽旁路通道时，未能发现并纠正，致使反应釜温度和蒸汽联锁切断装置失去作用。

（3）公司未对 DDH 生产工艺进行风险论证，未掌握环合反应产物温度达到 105℃会剧烈分解，能导致反应釜内压力急剧上升的特点；对生产工艺关键节点控制不到位，批准使用的环合反应安全操作规程未能细化浓缩蒸馏操作，未规定操作复合程序，且操作规程部分内容与设计工艺实际操作内容不相符，编写存在错误，可操作性差。

（4）公司未有效落实安全生产责任制、岗位责任制和领导干部带班（值班）制度，对生产工艺流程缺乏有效监管，对夜班工人睡岗现象失察失管，致使错过投料时间；对从业人员安全意识、责任风险意识教育培训不到位，致使车间操作工人习惯性违反操作规程、随意变更生产工艺流程。

⚡■ **防范措施：**

（1）应高度重视化工工艺关键节点管控，切实提升生产工艺本质安全。化工企业特别是精细化工企业，要高度重视化工工艺反应温度、分解温度、绝热温升、失控温度、最大允许压力（安全阀、爆破片的设定压力）等工艺安全信息的采集，为安全操作规程编写提供安全保障；要加大安全投入，认真开展工艺安全风险评估和论证工作，依据评估结果优化工艺流程或采取相应的管控措施，提升化工企业本质安全水平；对虽未列入危险化学品名录（2015年版）但属于新型化学品的，要高度重视其理化性质鉴定分析，确保科学管理、安全使用；要加强操作人员教育培训，强化从业人员对分离、蒸馏、干燥等化工单元操作安全风险的认识。

（2）加强对自动化控制系统的联锁管理。要建立联锁管理制度，对联锁的摘除/投用应实施作业票证管理，进行风险评估后方可摘除/投用；联锁摘除后要编制控制方案并制定控制措施，对相关人员进行培训，严禁采用旁通阀致使联锁失去作用。

（3）强化生产作业岗位管理，合理安排员工上班时间，严禁安排员工24小时连续上岗。要制定交接班管理制度，加强交接班管理，明确交班应交接的内容。

（4）重视关键岗位、危险岗位作业人员的教育培训，加强岗位培训的考试考核力度，努力提升作业人员岗位操作技能。对安全培训不合格或安全责任意识不到位的员工，坚决不予上岗作业。公司、车间要严格落实岗位责任制，尤其要落实企业负责人的主体责任，严格执行安全生产规章制度，加强对班组作业人员执行劳动纪律、作业规程的抽查、检查，消除违章指挥和违规作业现象。

案例82　某电石车间灼烫事故

⚡■ **伤亡人数：** 2人死亡

⚡■ **经济损失：** 622.94余万元

⚡■ **事故类别：爆炸类**

⚡▣ 事故经过：

14:00 左右，某电石公司电石车间丁班中控工发现 1 号和 3 号电极埋入有点浅，向代理值班长汇报，经其同意后将负荷降至 21800kV·A。16:04，中控工发现电石炉有红料、烟雾从炉门位置向外溢出，炉压超过 100Pa，直排烟道自动打开，立即按了急停按钮，另一中控工立即将电石炉发生的情况，通过对讲机报告了当班代理值班长、车间主任助理和生产调度。16:13，二人到电石炉二楼打开 6 个炉门对炉膛内进行检查，经目测未发现炉内状况异常，但发现电石炉 2 号炉门盖上的冷却水管漏水，决定进行漏点焊接维修。16:15，车间技术员联系化验员进行了动火区域气体分析。16:20，安全员确认气体检测合格，制作了检修作业活动风险分析表，开具了动火作业票，车间助理在申请人、安全措施落实人栏签字，车间副主任在作业批准人栏签字。

16:30，丁班下班，甲班上岗接班。16:38，甲班中控工根据电石公司电石炉操作规程要求，对电石炉电极进行 3 次上下活动。17:20，维修工开始对 2 号炉门盖上的冷却水管漏水点进行焊接，监护人为接班（甲班）巡检工。17:24，焊接完毕后，监护人打开泄漏水管阀门进行试漏，发现有继续漏水现象，17:29，再次进行焊接。17:31，电石炉发生喷料，现场多人不同程度的灼烫。

⚡▣ 原因分析：

（1）电石炉净化烟道水冷蝶阀存在椭圆形裂口，尺寸为 20mm×100mm。裂口漏水沿净化烟道流入电石炉内，遇石灰粉板结，形成积水，塌料后积水遇炉内高温熔融物料，瞬间汽化，体积迅速膨胀，压力迅速增大，致使大量高温物料迅速从炉盖下的炉门分别喷出，造成电石炉二层平台 6 名作业人员当场受灼烫，是此次事故发生的直接原因。

（2）电石公司履行安全管理职责不到位，主体责任不落实，只投资不管理，没有落实"三个必须"（管行业必须管安全、管业务必须管安全、管生产经营必须管安全），没有督促电石公司落实安全生产责任制。没有对电石公司开展的"危险化学品领域安全生产集中整治工作"进行检查。

（3）安全管理制度和操作规程不完善，执行不到位。电石公司没有制定水冷蝶阀的维护保养和检修标准，现有设备点检、动火作业、定修等安全管理制度内容不全。开展本次检维修工作时，没有按照动火作业票工作流程开展逐项审核工作，没有按照检维修安全管理制度开展风险隐患辨识，在没有及时发现水冷蝶阀是主要漏水点的情况下开展维修作业，从而酿成了事故。

（4）对水冷蝶阀漏水导致事故的严重性认识不足。企业采用水冷方式对电石炉进行降温，将 H_2、O_2 含量作为判定有水进入电石炉内的唯一标准，炉压参数只设定了正常炉压监控数值，不能全面反映存在漏水情况真实炉压，在这种情况下，企业没有将水冷蝶阀作为重点漏水隐患部位实施管控，企业没有进行检查、维护、保养，最终因漏水流入电石炉造成喷料事故。

（5）教育培训工作不到位。未严格按照计划开展教育培训工作，培训内容实效性差，缺乏针对性，没有按照岗位特点开展培训工作，特别是风险隐患分析能力培训，造成员工、车间和公司管理人员风险隐患辨识和分析能力不足，对电石炉可能存在的事故故障和事故状态不清楚，不能有效处理问题隐患。本次事故发生前，电石炉因喷料紧急停车后，没有按照检维修相关规定进行风险隐患辨识，直接打开炉门、用手电筒靠近炉体用目测方式检查电石炉内漏水情况，主要漏水隐患点勘察错误。

🔁■ 防范措施：

（1）电石公司必须切实履行安全生产监督管理工作，要将电石公司安全生产工作纳入到公司整体安全生产管理体系一并进行管理。要健全总公司与电石公司之间的安全、生产、技术管理机制，明晰权、责关系，构建完整的安全生产主体责任体系、安全标准化体系和技术支撑体系，形成工作合力，及时消除电石公司安全、生产、技术等管理工作中存在的事故隐患。

（2）电石公司要健全安全管理制度、岗位责任体系，以落实安全生产管理规章制度为抓手，认真审视电石公司、车间、班组涉及的各类安全生产管理制度，对标找差，堵塞制度漏洞，特别是涉及设备点检、维修维护、动火作业等管理制度漏洞。要把安全生产工作和绩效挂钩，采用切实可靠的手段保证制度落实。

（3）电石公司要针对设备和工艺技术管理存在的缺陷，明确设备运行、维护、保养、分类和安全管理责任分工，突出企业安全生产管理主体责任落实。要制定电极、炉衬等重要工艺设备和元器件检查标准，制定电极操作标准和规范制度要求。要采用先进装备和先进手段有效检测炉压，准确显示喷料等异常情形下真实压力变化情况，发现生产工艺中存在的不安全因素，及时采取可靠措施消除隐患。

（4）要牢固树立"安全第一、预防为主、综合治理"的理念，做好隐患排查治理工作。要开展自基层岗位到董事长、总经理的全过程、全员风险隐患辨识工作，编制风险隐患台账，做好风险隐患等级分类，实行分类管理。要督促落实高风险等级作业和高风险部位的安全管控措施，对包括净化烟道水冷蝶阀在内的固定设备要定期进行检查、维护、保养。

（5）要严格按照培训计划开展培训工作，培训内容要有针对性，要按照岗位特点开展培训工作，特别是涉及风险隐患辨识能力培训工作，提高风险隐患辨识和分析能力。要如实告知每个岗位存在的风险，要提高自保互保能力，特别是在危险区域开展作业时，要按规定严格控制人数，确保安全。

案例83　某化工有限责任公司重大爆炸事故

⚡■ **伤亡人数：** 25 人死亡、 4 人失踪、 46 人受伤

⚡■ **经济损失：** 4459 万元

⚡■ **事故类别：** 爆炸类

⚡■ **事故经过：**

某公司一车间生产产品是硝酸胍，设计能力为 8900 吨/年。一车间共有 8 台反应釜，自北向南单排布置，依次为 1 至 8 号。事发当日，1 至 5 号反应釜投用，6 至 8 号反应釜停用。

8:40 左右，1 号反应釜底部保温放料球阀的伴热导热油软管连接处发生泄漏自燃着火，当班工人使用灭火器紧急扑灭火情。其后 20 多分钟内，又发生三至四次同样火情，均被当班工人扑灭。

9:04 许，1 号反应釜突然爆炸，爆炸所产生的高强度冲击波以及高温、高速飞行的金属碎片瞬间引爆堆放在 1 号反应釜附近的硝酸胍，引起次生爆炸。

事故发生后，一车间被全部炸毁，北侧地面被炸成一东西长 70m，南北长 50m 的椭圆形爆坑，爆坑中心深度 67m。8 台反应釜中，两台被炸碎，3 台被炸成两截或大片，3 台反应釜完整。一车间西侧的二车间框架主体结构损毁严重，设备、管道严重受损；东侧动力站西墙被摧垮，控制间控制盘损毁严重；北侧围墙被推倒；南侧六车间北侧墙体受损；整个厂区玻璃多被震碎。经计算，事故爆炸当量相当于 0.5 吨 TNT。

⚡■ **原因分析：**

（1）从业人员不具备化工生产的专业技能，一车间擅自将导热油加热器出口温度设定高限由 215℃提高至 255℃，使反应釜内物料温度接近了硝酸胍的爆燃点。

1 号反应釜底部保温放料球阀的伴热导热油软管连接处发生泄漏着火后，当班人员处置不当，外部火源使反应釜底部温度升高，局部热量积聚，达到硝酸脲的爆燃点，造成釜内反应产物硝酸脲和未反应的硝酸铵急剧分解爆炸。1 号反应釜爆炸产生的高强度冲击波以及高温、高速飞行的金属碎片瞬间引爆堆放在 1 号反应釜附近的硝酸脲，引发次生爆炸，从而引发强烈爆炸，是此次事故发生的直接原因。

（2）安全生产责任不落实。企业负责人对危险化学品的危险性认识严重不足，贯彻执行相关法律法规不到位，管理人员配备不足，单纯追求产量和效益，严重违反工艺指标进行操作。

（3）企业管理混乱，生产组织严重失控。公司技术、生产、安全等分管副职不认真履行职责，生产、设备、技术、安全等部门人员配备不足，无法实施有效管理，机构形同虚设。车间班组未配备专职管理人员，有章不循，管理失控。

（4）车间管理人员、操作人员专业知识水平低。公司车间主任和重要岗位员工全部来自周边农村，多为初中以下文化程度，缺乏化工生产必备的专业知识和技能，未经有效安全教育培训即上岗作业，把危险程度较低的生产过程变成了高度危险的生产过程；针对突发异常情况，缺乏有效应对的能力。

（5）企业隐患排查走过场。企业隐患排查治理工作不深入、不认真，对技术、生产、设备等方面存在的隐患和问题视而不见，甚至当上级和相关部门检查时弄虚作假，将已经拆除的反应釜温度计临时装上应付检查，蒙混过关。

⚡ 防范措施：

（1）严格危险化学品项目规划准入，提高项目本质安全水平。

各级政府在追求经济发展同时，应把安全规划纳入地方经济社会和城镇发展总体规划，在城乡规划建设管理中充分考虑安全因素，严格高风险项目建设安全审核把关，科学论证危险化学品企业的选址和布局，要明确高危行业企业最低生产经营规模标准，严禁新建不符合产业政策、不符合最低规模、采用国家明令禁止或淘汰的设备和工艺要求的项目。

危险化学品建设项目必须由具备相应资质、相应能力的单位负责设计，工厂的布局要科学合理，选择成熟、可靠的生产工艺和设备，装备自动化控制系统；对涉及"两重点一重大"的装置，在设计阶段就要按照《化工建设项目安全设计管理导则》（AQ/ T3033）的要求进行危险与可操作性分析（HAZOP），进一步消除设计缺陷，提高装置的本质安全水平。推动高危行业企业实现"机械化换人、自动化减人"。

（2）严格执行变更审批制度，加强企业安全管理。

公司擅自改变生产原料、改造导热油系统,将导热油最高控制温度从215℃提高到255℃,是导致此次重大事故的主要原因之一。危险化学品企业应严格按照原国家安全监管总局《关于加强化工过程安全管理的指导意见》的要求,执行变更管理制度,对工艺、设备、原料、产品等的变更要严格履行变更手续并进行风险分析和提出控制措施。

(3)提高化工行业操作人员的准入门槛,提高员工安全素养。

事故企业车间管理人员、操作人员专业素质低。包括车间主任在内的绝大部分员工为初中文化水平,对化工生产的特点认识不足、理解不透,处理异常情况能力低,不能适应化工安全生产的需要。化工企业必须确保从业人员符合录用条件并培训合格,持证上岗。涉及"两重点一重大"的装置,应招录具有高中以上文化程度的操作人员、大专以上的专业管理人员,确保从业人员的基本素质。要不断加强安全培训教育,使其真正了解作业场所、工作岗位存在的危险有害因素,并掌握相应的防范措施,增强安全操作技能。

(4)构建双重预防机制,加强企业风险管控。

危险化学品企业应对照《危险化学品企业安全风险隐患排查治理导则》的要求,全方位、全过程辨识生产工艺、设备设施、作业活动、作业环境、人员行为、管理体系等方面存在的安全风险,建立完善隐患排查治理体系。将安全生产标准化创建工作与安全风险辨识、评估、管控,以及隐患排查治理工作有机结合起来,在安全生产标准化体系的创建、运行过程中开展安全风险辨识、评估、管控和隐患排查治理。

案例84　某化工有限公司特别重大爆炸事故

⚡■ **伤亡人数:**　78人死亡、 76人重伤、 640人住院治疗

⚡■ **经济损失:**　19.86亿元

⚡■ **事故类别:爆炸类**

⚡■ **事故经过:**

(1)14时45分35秒,旧固废库房顶中部冒出淡白烟。

(2)14时45分56秒,有烟气从旧固废库南门内由东向西向外扩散,并逐渐

蔓延扩大。

（3）14 时 46 分 57 秒，新固废库内作业人员发现火情，手提两个灭火器从仓库北门向南门跑去试图灭火。

（4）14 时 47 分 03 秒，旧固废库房顶南侧冒出较浓的黑烟。

（5）14 时 47 分 11 秒，旧固废库房顶中部被烧穿有明火出现，火势迅速扩大。14 时 48 分 44 秒视频中断，判断为发生爆炸。

⚡■ 原因分析：

（1）事故直接原因：旧固废库内长期违法储存的硝化废料持续积热升温导致自燃，燃烧引发硝化废料爆炸，是此次事故发生的直接原因。

（2）起火原因：事故调查组通过调查逐一排除了其他起火原因，认定为硝化废料分解自燃起火。

（3）经对样品进行热安全性分析，硝化废料具有自分解特性，分解时释放热量，分解速率随温度升高而加快。实验数据表明，绝热条件下，硝化废料的储存时间越长，越容易发生自燃。旧固废库内储存的硝化废料，最长储存时间超过七年。在堆垛紧密、通风不良的情况下，长期堆积的硝化废料内部因热量累积，温度不断升高，当上升至自燃温度时发生自燃，火势迅速蔓延至整个堆垛，堆垛表面快速燃烧，内部温度快速升高，硝化废料剧烈分解发生爆炸。

案例85　某制药有限公司重大事故

⚡■ **伤亡人数：** 10 人死亡

⚡■ **经济损失：** 1867 万元

⚡■ **事故类别：** 窒息类

⚡■ **事故经过：**

某制药公司在冻干车间地下室管道改造动火作业过程中，电焊火花引燃低温传热介质（初步通报为低温缓蚀阻垢剂），产生烟雾，致使现场作业的 10 名工作人员窒息死亡，另有 12 名救援人员受呛伤。

⚡■ 原因分析：

（1）地下有限空间，储存有易燃有毒的 LMZ 冷媒增效剂，切割火花或焊渣成为引火源。

（2）公司未深刻吸取以前事故教训（该企业 2015 年至 2016 年连续发生了 3 起火灾爆炸事故），未落实安全生产主体责任。

⚡■ 防范措施：

（1）施工前培训考核要有动火、临时用电、受限空间等内容。

（2）施工作业前要有安全技术交底与安全培训教育。

（3）发布培训安全风险点评价与风险分级管控内容并进行培训考试。

（4）特种作业票管理不可三联直接交给现场人员。

（5）安全生产责任制必须明确到岗、落实到位。

（6）相关培训资料和培训答题考卷等文字资料要保存完好。

案例86　某焦化企业较大爆炸事故

⚡■ 伤亡人数：　4 人死亡

⚡■ 经济损失：　353 万元

⚡■ 事故类别：爆炸类

⚡■ 事故经过：

9 时许，化产车间准备对 1 号澄清槽泄漏的冷凝液管进行维修。12 时 50 分左右，副主任甲与安全员乙到 1 号澄清槽顶部，安全员乙使用便携式煤气测定仪在 1 号澄清槽东侧观察孔揭盖检测，未发现异常。13 时 55 分左右，车间动火人丁电话通知电工接好电焊机。

14 时左右，安全员乙找值班长戊在动火证上签字。14 时 05 分，维修人员对冷凝液管进行蒸汽吹扫，清除管道内残留的氨水、焦油、煤气等可燃物。

15 时 02 分，动火人丁、维修工己、监火人丙、安全员乙等 4 人在澄清槽顶部用电焊切割冷凝液管弯头时，1 号澄清槽突然发生爆炸，澄清槽顶部与槽体焊接的盖板被爆炸冲击波掀开，动火人丁、维修工己、监火人丙、安全员乙 4 人分别被抛到事故发生点 3m 至 43m 的不同位置。

15 时 17 分，经现场 120 医护人员确认，4 人已经死亡。

⚡■ 原因分析：

（1）检修工在对 1 号澄清槽冷凝液管进行动火作业时，由于炽热焊渣通过澄清槽盖板上的圆孔落入澄清槽内，引爆澄清槽内的爆炸性混合气体，是此次事故发生的直接原因。

（2）企业风险辨识不足。澄清槽在备用检修期间因焦油挥发产生萘等有机物，形成爆炸气相空间，对该危害没有辨识，日常对澄清槽相关危险因素识别与分析工作不全面、不彻底，导致动火作业过程采取的防范措施不到位。

（3）企业安全管理制度不落实，违规审批动火作业。动火作业开始前，未对澄清槽用蒸汽进行吹扫置换，也未对澄清槽内气体进行取样检验分析，动火作业前使用的便携式气体检测仪检测功能不全。

（4）企业安全培训教育力度不够。公司未按照要求对员工进行三级安全培训教育，动火人丁、维修工己的《三级培训卡》中没有考核结果，监火人丙、安全员乙没有建立《三级培训卡》，只是参加公司日常安全培训教育。

（5）对隐患排查治理工作重视不够，没有认真吸取类似事故教训，未安排部署有针对性的专项隐患排查治理工作，未对生产系统槽罐的危险因素进行全面排查识别。

⚡■ 防范措施：

（1）高度重视在设备上动火作业存在的风险。企业要高度重视在罐、槽等容器以及管道外部动火时的危害因素分析，必须对容器以及管道内的介质进行分析，要考虑介质受热后是否会因挥发或分解而形成爆炸空间，严禁未经分析直接在容器以及管道外部动火。

（2）严格特殊作业安全管理，建立"无安全作业证不作业"的安全理念，按照《化学品生产单位特殊作业安全规范》要求，建立健全企业的特殊作业安全管理制度，明确各部门和人员在安全作业中的职责；严格特殊作业许可证的审批流程，作业前要全面开展风险分析、作业过程中严格落实安全措施，尤其是涉及动火作业、进入受限空间作业；加强作业过程安全监控，对安全作业证的执行情况要定期进行检查和考核。

（3）认真开展安全风险分级管控和隐患排查治理体系建设，建立健全企业安全风险辨识和评价管理制度。

（4）积极开展员工培训。对特殊作业中涉及到的人员，必须进行培训并考核合格，使其具备本岗位安全操作以及应急处置所需的知识和技能。

案例87　某石化企业重大爆炸着火事故

⚡■ **伤亡人数：** 10 人死亡、9 人受伤

⚡■ **经济损失：** 4468 万元

⚡■ **事故类别：** 爆炸类

⚡■ **事故经过：**

0 时 58 分，某物流公司驾驶员驾驶液化气运输罐车停泊在 10 号卸车位准备卸车，期间安排押运员回家休息。驾驶员先后将 10 号装卸臂气相、液相快接管口与车辆卸车口连接，打开气相阀门对罐体加压，罐体压力从 0.6MPa 上升至 0.8MPa 以上。

0 时 59 分 10 秒，驾驶员打开罐体液相阀门一半时，液相连接管口突然脱开，大量液化气喷出并急剧气化扩散，石化公司现场值班作业人员未能有效处置，致使液化气泄漏长达 2 分 10 秒。

1 时 01 分 20 秒，泄漏的液化气与空气形成爆炸性混合气体，遇到生产值班室内在用的非防爆电器产生的电火花发生爆炸，造成事故车辆及其他车辆罐体相继爆炸，罐体残骸、飞火等飞溅物接连导致液化气球罐区、异辛烷罐区、废弃槽罐车、厂内管廊、控制室、值班室、化验室等区域先后起火燃烧。现场 10 名人员撤离不及当场遇难，9 名人员受伤。

⚡■ **原因分析：**

（1）肇事罐车驾驶员因长途奔波、24h 均在驾车行驶和装卸车作业，在极度疲惫状态下，没有严格执行卸车规程，午夜进行液化气卸车作业时，出现严重操作失误，装卸臂快接口两个定位锁止扳把没有闭合，致使快接接口与罐车液相卸料管未

能可靠连接，在开启罐车液相球阀瞬间发生脱离，造成罐体内液化气大量泄漏，是此次事故发生的直接原因。

（2）现场人员未能有效处置，泄漏后的液化气急剧气化，迅速扩散，与空气形成爆炸性混合气体达到爆炸极限，遇火源发生爆炸燃烧。

（3）液化气装卸车管控有严重缺陷。液化气装卸车操作规程中未包含液化气卸载过程中安排具备资格的装卸管理人员现场指挥或监控的规定；卸载前未严格执行安全技术操作规程，对快装接口与罐车液相卸料管连接可靠性检查不到位、流体装卸臂快装接口定位锁止部件经常性损坏更换维护不及时；危化品装卸管理不到位，10 余辆罐车同时进入装卸现场，24h 连续超负荷进行装卸作业；特种设备安全管理混乱，未依法取得移动式压力容器充装资质和工业产品生产许可资质违法违规生产经营，特种设备管理和操作人员不具备相应资格和能力，特种设备充装质量保证体系不健全。

（4）物流公司未落实安全生产主体责任，超许可违规经营。违规将其他公司所属 40 辆危化品运输罐车纳入日常管理；安全生产实际管理职责严重缺失，安全检查和隐患排查治理不彻底，对运输车辆未进行动态监控，对肇事的车辆驾驶员的疲劳驾驶行为未能及时发现和纠正，导致驾驶员在卸车作业中出现严重操作失误；安全教育培训流于形式，从业人员安全意识差，由肇事驾驶员代替企业员工进行装卸；事故应急管理不到位，未按规定制定有针对性的应急处置预案，未定期组织驾驶员开展装卸车物料泄漏的应急教育培训和应急救援演练。

（5）石化公司未落实安全生产主体责任。安全生产风险分级管控和隐患排查治理主体责任不落实，未依法落实安全生产管理、应急救援等责任，对企业存在的安全风险特别是卸车区叠加风险辨识和评估不全面、高风险的管控措施不落实，从业人员素质和化工专业技能不能适应高危行业安全管理的需要。

（6）石化公司事故应急管理不到位，未依法建立专门应急救援组织，未配备齐全应急装备、器材和物资，预案编制针对性和实用性差，未根据装卸区风险特点开展应急演练和培训，出现泄漏险情时，现场人员未能及时关闭泄漏罐车紧急切断阀和球阀，未及时组织人员撤离，致使泄漏持续 2 分多钟直至遇到点火源发生爆燃，造成重大人员伤亡。

（7）货运公司对所属车辆处于管理真空状态，5 年内未按照相关规定向经营地主管部门进行异地经营报备并接受其监管；未按规定对危化品运输罐车进行动态监控，未按规定使用具有行驶记录功能的卫星定位装置，未及时发现肇事罐车驾驶员疲劳驾驶行为并予以制止，未按规定对公司所属 40 辆危化品罐车配备移动式压力容器安全管理人员和操作人员。

（8）中介技术服务机构未依法履行设计、监理、评价等技术管理服务责任。

⬛ 防范措施：

（1）危险化学品生产、经营、运输企业要加强危险化学品装卸环节的安全管理。建立和完善危险化学品装卸环节的安全管理制度，并严格执行危化品发货和装载查验、登记、核准的要求；建立和完善危化品装卸车操作规程，补充装卸作业时对接口连接可靠性进行确认的内容，以及危化品装卸车过程中安排具备资格的装卸人员进行，严禁由司机直代替企业操作人员进行装卸，并配备现场监控人员；定期检查装卸场所是否符合安全要求，安全管理措施是否落实到位，应急预案及应急措施是否完备，装卸人员、驾驶人员、押运人员是否具备从业资格，装卸人员是否经培训合格上岗作业，危化品装卸车设施是否完好、功能是否完备。

（2）危化品道路运输企业要加强危险化学品运输车辆管理和驾驶员的管理。加强对逾期未检验、未报废的危险化学品运输车辆跟踪管理，完善危化品车辆GPS行驶记录仪，定期组织驾驶员、押运员进行驾驶安全、危化品运输及装卸车安全知识培训，重点防范驾驶员不按规定线路行驶、超速、疲劳驾驶等严重交通违法行为。

（3）危化品企业应提高应急管理水平。要针对装卸环节可能发生的泄漏、火灾、爆炸等事故，制定操作性强的事故应急救援预案，特别是完善现场处置方案，定期组织操作人员进行应急预案培训和演练，配备必要的应急救援器材，提高企业事故施救能力；要准确评估和科学防控应急处置过程中的安全风险，坚持科学施救，当可能出现威胁应急救援人员生命安全的情况时，及时组织撤离，避免发生次生事故。

（4）企业应提高建设项目的合规性管理。严格执行《危险化学品建设项目安全监督管理办法》（原国家安监总局令第45号）规定，办理建设项目的合规手续；严格按照建设项目安全设施"三同时"相关规定，落实对中介服务机构的监督主体责任，监督设计单位严格按照建设项目的相关标准进行设计，监督监理单位按照相关标准监督建设单位按照施工图纸施工，监督安全评价单位认真识别建设项目的危险源，合规评估项目风险，必要时聘请专业机构进行风险评估，保证建设项目合规。

案例88　某化工公司较大爆炸事故

⬛ 伤亡人数：　3人死亡、1人受伤

⚡■ **经济损失：** 525 万元

⚡■ **事故类别：爆炸类**

⚡■ **事故经过：**

某公司重启中试项目。22 时 40 分，工段长和操作工丁、操作工戊、操作工庚 3 人用真空泵把前道工序得到的约 700L 代号为 ZL6 物料（中间体 [1，4，5]-氧二氮杂庚烷和二氯甲烷混合溶液）抽到 13 号水汽釜中进行脱溶作业（回收二氯甲烷）。23 时 20 分，开始对 13 号水汽釜夹套通蒸汽加热升温，进行常压脱溶。23 时 30 分，二氯甲烷开始馏出并逐渐增大馏出量。期间由于冷凝器冷却效果不好，操作工戊用循环水给冷凝器降温，并将冷冻盐水管道上的盲板拆除。至 6 月 9 日 0 时 10 分，冷凝器切换成冷冻盐水，随后反应釜再继续加热脱溶。2 时 14 分，DCS 室操作工发现 13 号釜升温速度加快，已经上升到 63℃ 左右，立即用对讲机连续呼叫，工段长未应答。此时工段长、操作工丁、技术员乙 3 人正前往查看反应釜二氯甲烷是否脱完，操作工庚正准备起身去反应釜。2 时 16 分，13 号反应釜发生爆炸，DCS 室画面显示温度由 65℃ 瞬间上升到 200℃ 以上（超出量程），现场伴有浓烟和火光。工段长、操作工丁、技术员乙 3 人被救援人员救出后送医院医治无效死亡，操作工庚受伤。

⚡■ **原因分析：**

（1）化工公司在未经全面论证和风险分析、不具备中试安全生产条件的情况下，在 500mL 规模小试的基础上放大 10000 倍进行试验，在进行中间体 [1，4，5]-氧二氮杂庚烷脱溶作业后期物料浓缩时，由于加热方式不合理、测温设施无法检测釜内液体的真实温度等原因，使浓缩的 [1，4，5]-氧二氮杂庚烷温度过高发生剧烈热分解，导致设备内压力骤升并发生爆炸，是此次事故发生的直接原因。

（2）事故企业对安全生产不重视，法律意识差。企业盲目追求经济利益，产品研发试验不尊重客观规律，违规在已停产的工业化装置中开展中试，违反试验性项目安全管理相关规定。

（3）事故企业安全管理混乱。企业未经安全审查，未经相应的安全设计和论证，擅自改造在役生产装置用作中试试验，安全设施缺乏。技术、生产、安全等岗位人员不认真履行职责，对风险未实施有效管理，未对试验性项目开展反应风险评估和系统风险分析，导致物料热稳定性以及反应风险参数等工艺安全信息缺失，所设置的操作参数（脱溶温度达 100℃）严重偏离安全范围。

（4）事故企业安全教育培训不到位。因保密等因素，在未编制试验工序、操作规程的情况下，盲目展开中试，且多个主要物料采用代号，未作技术交底和风险告知；参加中试人员未经专门教育培训，对具体工艺和物料情况缺乏了解，盲目操作，对企业违规开展中试行为未能向监管部门投诉、举报。

⚡ 防范措施：

（1）中试和扩大性试验项目必须进行安全论证。

一是涉及危险化学品（含原料、中间产品）的中试和扩大性试验项目，必须进行安全论证。

二是严禁在危险化学品工业化生产装置上进行试验性生产，中（扩）试装置必须单独设置，并请有相应资质的单位进行设计和施工建设。

三是开展中试时，要系统进行安全诊断，准确识别和掌握中试系统存在的各种危害，有效降低物质和反应风险的不确定性，系统编制工艺物料、工艺技术、工艺设备等安全信息，强化中试项目风险辨识和管控。

（2）应重视生产过程中的风险分析与评估。

一是化工企业尤其是精细化工企业，要按照《关于加强精细化工反应安全风险评估工作的指导意见》（安监总管三〔2017〕1号）的要求，在研发、试验新项目时，必须系统、全面地开展各步骤的风险分析，对实验过程中的性质不明的中间产物，必须开展热分解测试等风险评估工作，依据风险评估结果，提出有效的安全防范措施，制定操作规程，明确各项关键工艺参数的安全控制范围，制定事故应急预案。

二是企业应结合风险评估的结果，有针对性地提高化工设备特别是中试设备的本质安全设计。

（3）牢固树立安全风险意识。

企业要充分认识到反应过程中一旦失控可能存在的风险及造成的后果。本事故企业开展中试研究，既未进行风险分析，也未明确操作要点，盲目放大10000倍进行中试，严重违反中试试验的安全管理要求，值得每一家从事中试试验的企业警示。

（4）要加强内部培训管理。

一是企业要加强安全生产知识及操作规程的培训，使各级人员掌握项目生产工艺原理、各环节可能潜在的风险、相应管理措施及应急处置措施等。

二是企业应加强异常工况及紧急情况应急处置培训，对于生产过程中突发的异常工况及其他紧急情况能迅速分析判断原因，依据操作规程，及时采取行之有效的应急措施，遏制事态发展。

三是中试装置同一作业场所人数原则上不超过 2 人，避免造成群死群伤事故。中试装置与生产系统、装置相关联的，必须有紧急切断、隔离等措施。频繁违章的承包商实施安全禁入。

案例89　某企业较大爆炸事故

⚡▪ **伤亡人数：** **3 人死亡**

⚡▪ **经济损失：** **428.28 万元**

⚡▪ **事故类别：爆炸类**

⚡▪ **事故经过：**

按照环保部门对脱硫提盐的要求，某公司组织实施焦化厂脱硫废液提盐改造，新增一套脱硫废液提盐装置。

焦化厂晨会上，化产车间副主任提出准备加一条熔硫釜退液到提盐的管道，将熔硫釜清液槽内的清液直接通过回流管输送到提盐装置，解决环保对无组织排放治理的要求。

16 时 20 分，化产机修班长向脱硫工段长提出要在 3 号脱硫溶液循环罐加设一条到废液提盐设备的管道；16 时 30 分，在未办理动火、登高、临时用电作业票证的情况下，机修工甲通过组合脚手架上到脱硫泵房西墙管道上，用电焊切断管道，焊好堵头盲板，在管道堵头前端上部切割出直径约 50mm 接口，对接已经制作好的管道。17 时左右，管道焊接完毕，脱硫工段长、机修工乙、机修工丙等人都回到了地面。17 时 10 分左右，脱硫工段长发现机修工乙和机修工丙在 3 号脱硫溶液循环罐上作业，当即指派脱硫班长上罐顶查看。17 时 20 分左右，3 号脱硫溶液循环罐发生爆炸，罐顶被全部掀掉，呈 5 大块散落在周围；靠近槽区一侧的脱硫液循环泵泵房和脱硫值班室窗户玻璃大部分被爆炸冲击波震碎。正在罐顶作业的机修工乙、机修工丙和上罐顶查看情况的脱硫班长当场死亡。

⚡▪ **原因分析：**

（1）机修车间化产机修班长、化产车间脱硫工段长违反企业变更管理制度和特殊作业安全管理制度，擅自改变提盐装置通往脱硫地下槽的管道工艺走向，在未办理特殊动火、高处作业及临时用电安全作业证的情况下，机修工甲、机修工丙违章在正常运行的 3 号脱硫液循环罐顶部进行管道电焊作业时，产生的明火引爆了罐内爆炸性混合气体（脱硫液从脱硫塔夹带的焦炉煤气中的氢气、甲烷、一氧化碳等）是此次事故发生的直接原因。

（2）企业特殊作业安全管理制度执行不严，特殊作业管理不到位。机修工在正在运行的脱硫液循环罐顶上焊接管道时，未严格执行动火作业安全管理制度，办理动火安全作业证；在用电焊切断清液管道、焊接堵头盲板、对接焊接已制作好的通往脱硫液循环罐顶的管道时，也未办理动火、高处、临时用电安全作业证，化产车间、工段、班组及维修负责人现场都未坚决制止；《临时用电安全作业证》管理流于形式。当班电工违反公司《临时用电安全管理制度》，未见到《动火安全作业证》和《临时用电安全作业证》，就按照化产车间脱硫班长要求接了动火所需的电焊机。

（3）变更管理制度、工艺管理制度执行不严格，致使管线变更不履行变更手续。擅自变更脱硫废液提盐装置到脱硫地下槽的 DN50 清液管道走向，将脱硫废液提盐装置到脱硫地下槽的 DN50 清液管道切断变更为直接通往 3 号脱硫液循环罐，不符合工艺要求；也未编制工艺方案，未进行可行性分析及验证，未履行工艺变更审批手续。

（4）检维修安全管理责任落实不到位。机修车间、化产车间都未编制改变脱硫废液提盐装置到脱硫地下槽的 DN50 清液管道走向的检修计划，也未组织对检修过程进行风险评估。

（5）设备管理不严。新制作更换的 3 号脱硫液循环罐安装验收把关不严，罐顶的人孔盖、放散管等缺失就投入使用。

（6）安全管理不到位，未全面履行安全生产主体责任。

🔶 防范措施：

（1）企业应加强特殊作业安全管理。从事故发生经过来看，企业的特殊作业管理非常松散，特殊作业实施非常随意，临时用电、高处、动火作业都没有办理相关作业许可证，各级人员几乎没有特殊作业要严格办理安全作业许可证、落实各项安全措施的意识。企业应开展特殊作业专项安全培训，使各级人员意识到特殊作业潜在的风险、不规范管理特殊作业的危害。通过全面的风险评估，明确、掌握企业各装置、各部位、各设备、各作业活动可能潜在的风险。做任何工作前，首先要辨识可能涉及的作业活动、设备设施的风险，并制定相应的安全管控措施。

（2）企业应规范变更管理。从事故企业事故经过可以看出，基层人员随意改变了物料管道流向，没有严格履行变更手续，没有经过各级人员的严格审核，忽视了变更中可能带来的风险。使本应该通过各级严格审核，可以发现并得以控制的风险变成了现实的事故。

（3）加强安全培训，提高各级人员安全生产意识。事故企业特殊作业、变更管理随意、"任性"，既是各项管理不规范的结果，更是各级人员严重缺乏安全生产意识、漠视风险的后果。企业应加强对各级人员的安全生产意识的培训，使员工一举一动都首先要想到安全生产，形成不安全、不工作的良好意识。

案例90　某公司重大爆炸着火事故

⚡■ **伤亡人数：** 19 人死亡、12 人受伤

⚡■ **经济损失：** 4142 余万元

⚡■ **事故类别：爆炸类**

⚡■ **事故经过：**

11 时 13 分左右，陈某接到送货员肖某的电话，告知其有一批货物已送达。

11 时 14 分，陈某电话通知公司生产部部长刘某来了一批货，让刘某找公司污水处理站杨某安排两个工人卸货。刘某随即给公司库管员宋某打电话，宋某未接电话。

11 时 16 分左右，刘某当面告知宋某到了一批生产原料丁酰胺，并安排宋某到厂门口接车。

11 时 30 分左右，某物流公司吴某将 2 吨标注为原料的 COD 去除剂（实为氯酸钠）送达至公司仓库。随后，宋某请三车间副主任某安排三名工人完成了卸货。入库时，宋某未对入库原料进行认真核实，将其作为原料丁酰胺进行了入库处理。

14 时左右，二车间副主任罗某开具 20 袋丁酰胺领料单到库房领取咪草烟生产原料丁酰胺，宋某签字同意并发给罗某 33 袋"丁酰胺"（实为氯酸钠），并要求罗某补开 13 袋丁酰胺领料单。

14 时 30 分左右，叉车工王某把库房发出的 33 袋"丁酰胺"运至二车间一楼

升降机旁。

15 时 30 分左右，二车间咪草烟生产岗位的当班人员通过升降机（物料升降机由车间当班工人自行操作）将生产原料"丁酰胺"提升到二车间三楼，而后用人工液压叉车转运至三楼 2R302 釜与北侧栏杆之间堆放。

16 时左右，用于丁酰胺脱水的 2R301 釜完成转料处于空釜状态。

17 时 20 分前，2R301 釜完成投料。

17 时 20 分左右，2R301 釜夹套开始通蒸汽进行升温脱水作业。

18 时 42 分 33 秒，正值现场交接班时间，二车间三楼 2R301 釜发生化学爆炸。爆炸导致 2R301 釜严重解体，随釜体解体过程冲出的高温甲苯蒸气，迅速与外部空气形成爆炸性混合物并产生二次爆炸，同时引起车间现场存放的氯酸钠、甲苯与甲醇等物料爆燃，造成重大人员伤亡和财产损失。

⚡■ 原因分析：

（1）公司在生产咪草烟的过程中，操作人员将无包装标识的氯酸钠当作 2-氨基-2,3-二甲基丁酰胺（以下简称丁酰胺），补充投入到 2R301 釜中进行脱水操作。在搅拌状态下，丁酰胺-氯酸钠混合物形成具有迅速爆燃能力的爆炸体系，开启蒸汽加热后，在物料之间、物料与釜内附件和内壁相互撞击、摩擦下，引起釜内的丁酰胺-氯酸钠混合物发生化学爆炸，是此次事故发生的直接原因。

（2）未批先建、违法建设。在未办理建设工程规划许可、建筑工程施工许可、环境影响评价审批、消防设计审核、安全设施设计审查等项目审批手续之前，擅自开工建设，未批先建；拒不执行安全监管部门下达的停止建设监管监察指令，违法组织建设。

（3）非法组织生产。边建设边组织生产，未经许可擅自改变生产产品，实际生产产品与项目备案和报批内容不符；在不具备安全生产条件且未经核实工艺安全可靠性的情况下，非法组织咪草烟和 1,2,3-三氮唑生产，违规在生产区域进行 4-硝基-2-乙基苯胺等产品的小试、中试试验。咪草烟生产过程中伴有危险化学品甲醇、乙醇产生，在没有办理危险化学品建设项目行政审批手续和取得危险化学品安全生产许可证的情况下非法组织生产。

（4）安全管理混乱。安全生产责任制不落实，安全生产职责不清，规章制度不健全，未制定岗位安全操作规程，未建立危险化学品及化学原料采购、出入库登记管理制度。未配齐专职安全管理人员，未开展安全风险评估，未认真组织开展安全隐患排查治理，风险管控措施缺失，违规在办公楼设置职工倒班宿舍，应急处置能力严重不足。

（5）装置无正规科学设计。该企业咪草烟和 1,2,3-三氮唑生产工艺没有正规技术来源，也未委托专业机构进行工艺计算和施工图设计。

（6）安全生产教育和培训不到位。主要负责人和安全管理人员未经安全生产知识和管理能力培训考核，未按规定开展新员工入厂三级教育培训，日常安全教育培训流于形式，培训时间不足，内容缺乏针对性，无安全生产教育和培训档案，操作人员普遍缺乏化工安全生产基本常识和基本操作技能，不清楚本岗位生产过程中存在的安全风险，不能严格执行工艺指标，不能有效处置生产异常情况，不能满足化工生产基本需要。

（7）操作人员资质不符合规定要求。事故车间绝大部分操作工均为初中及以下文化水平，不符合国家对涉及"两重点一重大"装置的操作人员必须具有高中以上文化程度的强制要求，特种作业人员未持证上岗，不能满足企业安全生产的要求。

（8）不具备安全生产条件。安全设施不到位，未按照《危险化学品建设项目安全监督管理办法》（原国家安全监管总局令第 45 号）的要求取得安全设施"三同时"手续，安全投入严重不足，无自动化控制系统、安全仪表系统、可燃和有毒气体泄漏报警系统等安全设施，生产设备、管道仅有现场压力表及双金属温度计，工艺控制参数主要依靠人工识别，生产操作仅靠人工操作，生产车间现场操作人员较多且在生产现场交接班，加大了安全风险；特种设备管理不到位，未对特种设备进行检测、使用登记；环保设施不到位，废水处理装置无法满足咪草烟和 1，2，3-三氮唑生产过程废水处理实际需求，生产废水严重积存，造成事故隐患；消防设施不到位，车间内无消火栓、灭火器材、消防标识等消防设施，防雷设施未经具备相关资质的专业部门检测验收。

⚡ 防范措施：

（1）进一步深化精细化工安全专项整治，督促企业落实安全主体责任。

企业要自查主要负责人、安全管理人员是否依法考核合格，特种作业人员是否具备从业资格，建设项目是否合法合规，生产的产品是否与设计一致，工艺是否进行了安全风险评估，是否是成熟生产工艺，自动化控制是否按照规定设置并投用，装置现场是否实现了减人，企业与周边安全防护距离是否符合要求，安全管理制度和操作规程是否建立并严格执行，对发现的问题，要立即整改，要提高化工项目准入门槛，把人员素质、安全管理能力、装备水平等作为安全准入的必要条件。

（2）加快推进反应风险评估和自动化改造，提升装置本质安全水平。

继续深化化工企业自动化控制改造，涉"两重点一重大"装置、设施没有按要求装备自动化控制系统的要一律停产；已经完成自动化改造的，必须要确保自动化控制系统投用。

（3）深化危化品综合治理，做好当前的安全生产重点工作。

建立安全风险分布"一张图"、"一张表"，深入开展危化品生产储存企业安全风险评估诊断分级，持续深化特殊作业等安全专项治理，强化日常监督检查，狠抓企业主要负责人的教育和培训，加强一线员工和基层管理人员安全教育培训。

（4）进一步加强安全风险管控，推动企业双重预防机制建设。

全面实施危险化学品企业安全风险研判与承诺公告制度，落实风险管控责任，切实加强化工过程安全管理。要健全完善隐患排查治理体系，全面排查、及时治理、消除事故隐患，实施闭环管理。坚决关停工艺技术来源不明、建设项目手续不齐全、无自动化控制系统和紧急切断装置、安全管理水平低下等不具备安全生产条件的企业和项目；开展易致爆危险化学品安全专项整治，严厉打击生产、销售、经营和运输无任何标识易致爆危险化学品的违法违规行为；开展道路危险货物运输专项整治行动，以零担货物运输为重点，进一步规范运输经营活动。进一步加强对设计、安评、环评等第三方服务机构的监管，强化相关资质管理，建立信用评定和公示制度，规范服务行为，加强风险辨识能力，不断提升技术服务水平和质量。

案例91　某化学有限公司重大爆炸事故

⚡■ 伤亡人数： 13 人死亡、25 人受伤

⚡■ 经济损失： 4326 万元

⚡■ 事故类别： 爆炸类

⚡■ 事故经过：

某公司硝化装置投料试车。8月28日先后两次投料试车，均因硝化机控温系统不好、冷却水控制不稳定以及物料管道阀门控制不好，造成温度波动大，运行不稳定停车。

8月31日16时38分左右，企业组织第三次投料。投料后，4号硝化机从21时27分至22时25分温度波动较大，最高达到96%（正常波动60%～70%）；5号硝化机从16时47分至22时25分温度波动较大，最高达到99%（正常波动60%～80%）。车间人员用工业水分别对4号、5号硝化机上部外壳浇水降温，中控室调大了循环冷却水量。期间，硝化装置二层硝烟较大，在试车指导专家建议下再次进行了停车处

理，并决定当晚不再开车。22 时 24 分停止投料，至 22 时 52 分，硝化机温度趋于平稳。为防止硝化再分离器（X1102）中混二硝基苯凝固，车间人员在硝化装置二层用胶管插入硝化再分离器上部观察孔中，试图利用"虹吸"方式将混二硝基苯吸出，但未成功。之后，又到装置一层，将硝化再分离器下部物料放净管道（DN50）上的法兰（位置距离地面约 5m 高）拆开，此后装置二层的操作人员打开了放净管道阀门，硝化再分离器中的物料自拆开的法兰口处泄出，先是有白烟冒出，继而变黄、变红、变棕红。见此情形，部分人员撤离了现场。放料 2～3min 后，有一操作人员在硝化厂房的东北门外，看到预洗机与硝化再分离器中间部位出现直径 1m 左右的火焰，随即和其他 4 名操作人员一起跑到东北方向 100m 外。

23 时 18 分 05 秒，硝化装置发生爆炸。

⚡ 原因分析：

（1）车间负责人违章指挥，安排操作人员违规向地面排放硝化再分离器内含有混二硝基苯的物料，混二硝基苯在硫酸、硝酸以及硝酸分解出的二氧化氮等强氧化剂存在的条件下，自高处排向一楼水泥地面，在冲击力作用下起火燃烧，火焰炙烤附近的硝化机、预洗机等设备，使其中含有二硝基苯的物料温度升高，引发爆炸，是造成本次事故的直接原因。

（2）安全生产法制观念和安全意识淡漠，安全生产主体责任不落实，违法建设、违规投料试车、违章指挥、强令冒险作业、安全防护措施不落实、安全管理混乱。

（3）负有安全生产监督管理责任的有关部门履行安全生产监管职责不到位。

⚡ 防范措施：

（1）遵循试车"六大原则"，强化试车环节安全意识。"浴缸曲线"（又称"U 型曲线"）告诉我们，一个产品、装置设施、工程项目，从投入到报废为止的整个寿命周期内，其可靠性的变化呈现一定的规律；在开始使用、试生产时，失效率很高，但随着时间的增加，进入稳定状态，失效率迅速降低，这一阶段称为"早期失效期"。失效大多是由于设计、原材料和制造过程中的缺陷造成的。为了缩短这一阶段的时间，避免潜在失效，应在投入运行前进行试运转，尽可能及早发现、修正和排除故障。对于化工装置试车，必须遵循"单机试车要早，吹扫气密要严，联动试车要全，投料试车要稳，试车方案要优，试车成本要低"的原则，做到安全稳妥，力求一次成功。

（2）充分运用风险分析工具，夯实试车准备的安全基础。试车准备时，必须严格检查和确认：建设项目采用的生产工艺、技术必须成熟、安全可靠；建设项目的设计、施工、监理，必须由相应资质的单位承担；建设项目使用的设备、材料和其他全部物资，必须符合国家有关标准的规定，确保质量合格；建设项目在施工安装过程中，必须加强施工质量控制，进行化工专业工程质量监督；安全、环保、职业卫生等设施必须和主体装置同时设计、同时施工、同时投入生产和使用，符合相关规范要求，满足试车需要；所有特种设备及其安全附件，必须经检测检验合格，否则一律不得投入使用；化工装置必须按照施工及验收规范规定的项目进行检验，现场制作的大型储罐应进行强度试验，并有合格的记录。

同时，建议建设单位可运用工作危害分析（JHA）、安全检查表分析（SCL）、预先危险性分析（PHA）等方法，对各单元装置及辅助设施进行分析，辨识可能发生的危险因素和危险的区域等级，制定相应措施，特别是大、中型化工装置以及涉及"两重点一重大"和首次工业化设计的建设项目，应采用危险与可操作性分析（HAZOP）技术，系统、详细地对工艺过程和操作进行检查，对拟订的操作规程进行分析，列出引起偏差的原因、后果，以及针对这些偏差及后果应使用的安全装置，提出相应的改进措施。

（3）预试车环节不可省略，必须将安全工作置于首位。在工程安装完成以后，化工投料试车之前，应对化工装置进行管道系统和设备内部处理、电气和仪表调试、单机试车和联动试车。预试车必须按总体试车计划和方案的规定实施，在必要的生产准备工作落实到位、消防及公用工程等已具备正常运行条件后进行，不具备条件的不得进行试车。预试车前，建设单位、设计单位、施工单位、技术提供单位、设备制造或供应单位应对试车过程中的危险因素及有关技术措施进行交底并出具书面记录，施工单位应当编制并向建设单位提交建设项目安全设施施工情况报告。预试车必须循序渐进，必须将安全工作置于首位，安全设施必须与生产装置同时试车，前一工序的事故原因未查明、缺陷未消除，不得进行下一工序的试车，决不能使危险因素后移。

（4）严格做到"四不开车"，密切防控化工投料试车安全风险。化工投料试车前，建设单位应先负责编制化工投料试车方案并组织实施，设计、施工单位参与；必须进行严格细致的试车条件检查，严格做到"四不开车"（条件不具备不开车，程序不清楚不开车，指挥不在场不开车，出现问题不解决不开车）。化工投料试车时，必须确保试车统一指挥，严禁多头领导、越级指挥；严格控制试车现场人员数量，参加试车人员必须在明显部位佩戴试车证，无证人员不得进入试车区域；严格按试车方案和操作法进行，试车期间必须实行监护操作制度；必须循序渐进，上一道工序不稳定或下一道工序不具备条件，不得进行下一道工序的试车；在修理机械、调整仪表、电气时，应事先办理安全作业票（证）；除按照设计文件和分析规程规定的项目和频次进行外，还应按试车需要及时增加分析项目和频次并做好记录；发生事故时，必须按照应急处置的有关程序果断处理。

案例92　危险品仓库特别重大火灾爆炸事故

■ **伤亡人数**：造成 165 人遇难、 8 人失踪。

■ **经济损失**： 68 亿元

■ **事故类别**：爆炸类

■ **事故经过**：

22 时 51 分 46 秒，位于某公司危险品仓库运抵区最先起火，23 时 34 分 06 秒发生第一次爆炸，23 时 34 分 37 秒发生第二次更剧烈的爆炸。事故现场形成 6 处大火点及数十个小火点，8 月 14 日 16 时 40 分，现场明火被扑灭。

事故现场按受损程度，分为事故中心区、爆炸冲击波波及区。事故中心区是此次事故中受损最严重区域，面积约为 54 万平方米。

■ **原因分析**：

（1）公司危险品仓库运抵区南侧集装箱内的硝化棉由于湿润剂散失出现局部干燥，在高温（天气）等因素的作用下加速分解放热，积热自燃，引起相邻集装箱内的硝化棉和其他危险化学品长时间大面积燃烧，导致堆放于运抵区的硝酸铵等危险化学品发生爆炸，是此次事故发生的直接原因。

（2）公司违法违规经营和储存危险货物，安全管理混乱，未履行安全生产主体责任，致使大量安全隐患长期存在。违规大量储存硝酸棉，事发当日在运抵区违规存放硝酸棉高达 800 吨。违规混存、超高堆码危险货物；不仅将不同类别的危险货物混存，间距严重不足，而且违规超高堆码现象普遍，4 层甚至 5 层的集装箱堆垛大量存在。

■ **防范措施**：

（1）强化港口危险货物作业安全管理，严格管控作业安全风险。企业层面，除严格按照现有法律法规规章规定要求取得相应行政许可资质外，最核心的就是务必强化港口危险货物作业安全管理，严格管控危险货物装卸、储存、拆装箱等作业安全风险。

① 装卸作业：危险货物集装箱在装船或卸船前，作业方应会同船方对集装箱外观进行检查，重点检查集装箱结构是否有损坏、有无撒漏或渗漏现象。进舱内作业前，先开舱通风，确保安全无误后，由装卸作业指挥人员佩戴明显标志，根据危险货物的性质、配装要求及船方确认的配载图进行装载。装卸易燃易爆危险货物集装箱期间，一定不能进行加油、加水（岸上管道加水除外）等作业。水平运输途中，运输车辆应配备灭火器材，并在车顶悬挂危险标志灯。

② 堆存作业：危险货物集装箱运送到堆场后，要在专门区域内存放。其中硝酸铵类物质的危险货物集装箱，应实行直装直取。熏蒸作业也不能在危险货物堆场进行。在堆存过程中，易燃易爆危险货物集装箱，最高只许堆码二层，其他危险货物集装箱不超过三层，并根据不同性质的危险货物，做好有效隔离。对于装有遇潮湿易产生易燃气体的货物集装箱和需敞门运输的易产生易燃气体的集装箱，宜在最上层堆码。液化天然气罐式集装箱不能相互叠放，如果一定要与其他非易燃易爆危险货物集装箱叠放，应放置在最上层。对于装有毒性物质的危险货物集装箱要箱门对箱门，集中堆放。

③ 拆、装箱作业：作业人员要穿戴好必需的防护用品，禁止穿带铁掌、铁钉鞋和易产生静电的工作服。拆箱作业时，要事先检查施封是否完好，先开启一扇箱门通风并确认无危险后，进行拆箱作业，并保证轻拿轻放。在拆、装箱时，工作人员要使用防爆型电器设备和不会摩擦产生火花的工具，并有专人负责现场监护。对于装有爆炸品、有机过氧化物、毒害气体等集装箱，拆、装箱时所有机具应按额定负荷降低 25％使用。

④ 仓库作业：针对待装箱和拆箱后的危险货物，必须严格执行危险货物的出入库制度，核对、检验出入库的货联合监督、统一查验机制，综合保障外贸进出口危险货物的安全、便捷、高效运行。

⑤ 利用大数据、物联网等信息技术手段，对危险化学品生产、经营、运输、储存、使用、废弃处置进行全过程、全链条的信息化管理，实现危险化学品来源可循、去向可溯、状态可控。

（2）明晰和落实部门安全监管职责，健全安全监管机制和强化智慧监管。

① 明晰和落实部门安全监管职责。按照"党政同责、一岗双责、齐抓共管、失职追责"，"管行业必须管安全、管业务必须管安全、管生产经营必须管安全"和"谁审批谁负责"的原则，进一步厘清、细化交通运输、海关、公安、市场监管、

应急管理、规划、生态环境等部门安全监管职责，特别是抓紧解决部分行政区、功能区行业安全监督管理职责不明的类似问题，消除监管盲区，严防失控漏管。

② 健全安全监管机制。完善现行危险化学品安全监管部际联席会议制度，建立更有力的统筹协调机制，推动落实部门监管职责。

案例93　某地重大火灾事故

🔥■ **伤亡人数：** 19 人死亡、 8 人受伤

🔥■ **事故类别：** 火灾类

🔥■ **事故经过：**

11 月 13 日，王某（某公司合作伙伴）派某商贸有限公司工人杨某等人进行压缩机调试，由于容量不足导致原有变压器保险烧断。当日，樊某（木业公司实际控制人）租用了事发建筑外东北侧变压器，并安排李某将配电室内连通地下冷库的电缆拆下，用铝芯旧电缆接到该变压器并装上电表。

11 月 16 日，王某安排工人继续调试设备，期间变压器处电表烧坏。杨某（公司主要负责人）建议樊某更换一个 400A 的断路器和电表，随后双方工人购买并由樊某安排李某更换了电表和断路器。

11 月 18 日，李某让王某将变压器处电缆穿过电表互感器，发现电表反转，即将电表处两根电源线调换位置以使电表正常运行，后发现制冷压缩机出现反转情况，随即又将压缩冷凝机组总配电箱处的两根电源线调换位置，以使压缩冷凝机组正常运行。

当日 9 时，公司作业人员张某、韩某到 3 号冷间内更换铝排管过滤器，期间进行了焊接作业和机组供电调试，10 时 42 分关门离开，离开时冷库设备间内西侧压缩冷凝机组（ZYL-/160HP 型，控制 1、2、3 号冷间）处于运行状态。至 3 号冷间爆燃，期间无人进入冷库。

🔥■ **原因分析：**

（1）冷库制冷设备调试过程中，被覆盖在聚氨酯保温材料内为冷库压缩冷凝机组供电的铝芯电缆电气故障造成短路，引燃周围可燃物；可燃物燃烧产生的一氧化

碳等有毒有害烟气蔓延导致人员伤亡。

（2）起火原因：因3号冷间敷设的铝芯电缆无标识，连接和敷设不规范；电缆未采取可靠的防火措施，被覆盖在聚氨酯材料内，安全载流量不能满足负载功率的要求；电缆与断路器不匹配，发生电气故障时断路器未有效动作，综合因素引发3号冷间内南墙中部电缆电气故障造成短路，高温引燃周围可燃物，形成的燃烧不断扩大并向上蔓延，导致上方并行敷设的铜芯电缆相继发生电气故障短路，是此次事故发生的直接原因。

（3）火灾蔓延扩大原因：在冷库建设过程中，采用不合标准的聚氨酯材料（B3级，易燃材料）作为内绝热层；冷库内可燃物燃烧产生的一氧化碳，聚氨酯材料释放出的五甲基二乙烯三胺、N，N-二环己基甲胺等，制冷剂含有的1，1-二氟乙烷等，均可能参与3号冷间内的燃烧和爆炸。爆燃产生的动能将3号冷间东门冲开，烟气在蔓延过程中又多次爆燃，加速了烟气从敞开楼梯等途径蔓延至地上建筑内，燃烧产生的一氧化碳等有毒有害烟气导致人员死伤；未按照建筑防火设计和冷库建设相关标准要求在民用建筑内建设冷库；冷库楼梯间与穿堂之间未设置乙级防火门；地下冷库与地上建筑之间未采取防火分隔措施，未分别独立设置安全出口和疏散楼梯，导致有毒有害烟气由地下冷库向地上建筑迅速蔓延；地上二层的公寓窗外设置有影响逃生和灭火救援的障碍物。

防范措施：

（1）违法建筑内违规建造冷库，消防设施设备严重不足。事故的直接原因是使用不符合标准的旧电缆，过载造成短路，引燃周围可燃物产生一氧化碳，导致大量人员伤亡。冷库对保温隔热要求较高，在建设时为节省工程造价而大量使用了易燃可燃保温材料，火灾发生后，烟气蔓延迅速，产生大量有毒有害气体。木业公司在无资质、无设计的情况下，在违法建筑内违规建造冷库，消防设施设备严重不足，不能满足安全生产作业要求。

（2）加强消防安全知识培训，配备足够的消防设施。冷库管理人员没有认识到加强冷库安全管理的重要性，应定期对作业人员进行安全知识培训，掌握相关的冷库安全操作规范，避免人为失误造成火灾事故。各级管理部门应对冷库的安全进行定期的监督和检查，对作业人员的安全技能进行考核，使作业人员掌握消防知识和安全技能，在防范火灾方面起到重要的作用。冷库的管理者不能只看重经济利益，还需要进一步加大对冷库安全设备的投入，配备足够的消防设施，定期对消防安全设备进行管理和维护，组织作业人员定期进行消防演练，提高自防自救能力。

（3）聚焦"多合一"建筑，严格查处非法违法经营行为。事发建筑系集生产、经营、储存、住宿于一体的"多合一"建筑，属于违法建设、违规施工、违规出租，安全隐患长期存在。当地管理部门要全面掌握辖区内的企业情况，并针对城乡结合部等重点地区加强检查，对于非法经营等违法违规行为应一律予以取缔。对于在违法建筑内从事生产经营活动的，一律不予登记注册，对已在违法建设内登记注册的企业，要采取有效措施予以取缔。

案例94 某石化公司中毒事故

- **伤亡人数：** 3 人死亡

- **经济损失：** 368 万元

- **事故类别：中毒类**

- **事故经过：**

某公司 9 名作业人员在项目负责人的带领下开始进驻场地进行换热器清洗作业。16 时左右，待换热器管束全部放置到清洗槽中后，开始往清洗槽中加水，16 时 30 分左右完成加水，开始用水泵进行循环，冲洗 1 号槽和 2 号槽中的管束，20 分钟后停止冲洗。

16 时 50 分，项目负责人到某公司办理夜间作业票。某公司监护人按照公司作业许可管理标准，持便携式有毒气体报警仪到现场检测，显示正常。

17 时 59 分，项目负责人将人员分为两组，分别负责清洗 1 号槽和 2 号槽。约 18 时 30 分，项目负责人让作业人员往水中加了一桶缓蚀剂，并用扁铁探了一下管束内的污垢，告诉作业人员管束内污垢不多，可以直接将清洗剂倒在管束上。19 时左右，1 号槽清洗人员先行往管束上倒清洗剂，倒了约 2 桶清洗剂后，9 名作业人员相继被槽内产生的气味熏倒。

19 时 13 分，公司监护人在巡检时发现作业现场操作台上疑似有人倒下，便靠近查看。在行至距作业区 50m 处，携带的有毒气体报警仪报警。在距现场 7～8m 处，看见有人躺在道路中间，立即向控制室报警。

⚡ ■ 原因分析：

（1）公司作业人员在清洗 1 号槽中的 E7001C、E7001D 两台换热器作业中，使用含盐酸的清洗剂，并将清洗剂直接倒在含有硫化亚铁和二硫化亚铁污垢的管束上，反应释放出硫化氢气体，导致 9 名作业人员中毒，是此次事故发生的直接原因。

（2）公司违章指挥、违规作业问题突出。尽管制定了施工方案，但 2017 年实施的 3 项管束清洗作业均不符合施工方案要求，未将清洗剂倒入配酸罐进行混配后用泵循环到清洗槽内，而是直接将清洗剂倒在清洗槽水中。事故当日，使用的清洗剂盐酸含量 27.482％，不符合施工方案中关于药剂成分的要求；项目负责人违章指挥作业人员将清洗剂直接倒于管束上，导致事故发生。

（3）施工作业监督管理存在漏洞。2017 年实施的 3 项管束清洗作业均不符合施工方案要求，但却没有及时发现。11 月 18 日，公司管束清洗作业前，运行三部对施工现场进行了检测，但作业过程中，设备部门和运行三部均未对该作业进行监督检查，没有及时发现和纠正公司违反施工方案的问题。

（4）检维修作业审批把关不严。

⚡ ■ 防范措施：

（1）危险化学品企业要全面强化承包商安全管理。一是完善制度，明确责任。企业要组织各部门对承包商管理制度、检维修作业管理制度和特殊作业管理规定等相关制度进行修订完善，细化监督考核内容，建立承包商奖惩机制。按照"谁主管、谁负责"、"谁引进、谁负责"原则，明确项目承包商的管理部门和管理职责。企业管理部门要对厂内施工作业项目全过程实施监督管理，确保承包商依法依规开展工作，切实履行合同各项条款的规定。

二是强化承包商审查，严把承包商准入关。企业要结合项目实际情况，明确对承包商施工作业人员的要求，将其与承包商安全管理体系建设、安全管理工作情况等一同纳入承包商准入条件。

三是要定期组织相关部门或聘请第三方机构开展承包商安全管理能力评估工作，重点评估承包商安全管理机构的设置、安全管理人员配置和履职情况、安全管理制度、作业现场安全管理及作业人员安全培训、安全意识、安全能力。取消安全管理能力低下承包商的准入资格，将其清出承包商名单。

（2）危险化学品企业要抓好检维修作业全过程安全风险管控。一是组织企业员工开展《化学品生产单位特殊作业安全规范》的培训，对照标准修订本企业特殊作业安全管理规定和作业票证格式，提高企业特殊作业管理水平。

二是进一步加强检维修、施工作业管理的统筹性、计划性，有效减少动火、受限空间等特殊作业数量。

三是企业要有计划安排施工作业，逐项明确作业的管理和属地部门，确定施工作业安全责任人，落实监督检查职责，确保每项施工作业的风险全面受控。

四是严格作业全过程安全管理。作业前，开展作业全过程风险分析，辨识各环节的风险；制定详细的施工方案，严格落实作业前安全分析、安全培训和交底等工作要求，强化作业审批流程和责任；强化核查现场风险管控措施的落实情况。作业过程中，落实属地、施工单位双监护制度，特别要监督承包商严格按照施工方案作业和管理，及时发现、制止施工人员"三违"行为；检查施工作业人员条件是否符合要求，是否具备风险防范意识和应急能力。

案例95 某公司中毒和窒息死亡事故

⚡▪ **伤亡人数：2 人死亡**

⚡▪ **经济损失：约 360 万元**

⚡▪ **事故类别：中毒类**

⚡▪ **事故经过：**

8 时左右，某公司换热器班组长李某召开班前会，安排乙烯分离装置区域共 8 个人孔复位工作的分工，其中 2006M 三段排出罐由张某、高某、李某等 3 人负责。

8 时 30 分左右，公司乙烯分离装置值班长沈某联系李某确认作业内容，并通过对讲机通知压缩区域操作工于某等 4 人到现场。

8 时 35 分左右，沈某到现场与于某等 4 人会合，指派于某牵头负责人孔（包括 2006M 三段排出罐人孔）复位监护，要求其负责确认人孔内是否存在未拆除的脚手架等异物，如发现，需向其报告。沈某带领于某与张某、高某、李某等作业人员会合并确认作业内容，随后离开作业现场，准备开具工作票。

8时50分左右,于某、张某、高某、李某沿爬梯攀登至2006M三段排出罐人孔平台进行作业前准备,李某在确认人孔密封圈、紧固螺栓尺寸后,离开平台去取用工器具;于某通过人孔发现2006M三段排出罐底部留有密闭空间警示牌,指派张某将其取出,张某经人孔进入罐内后昏倒。二人均抢救无效死亡。

⚡▣ 原因分析:

(1)从业人员在未采取防护措施的情况下进入存在缺氧状况的有限空间,导致事故发生。其他人员在现场状况不明,未采取防护措施的情况下施救,导致事故扩大,是此次事故发生的直接原因。

(2)安全教育不到位,从业人员缺乏安全意识。现场人员安全意识淡薄,指派作业人员在未采取防护措施的情况下进入有限空间;其他人员未阻止作业人员违规进入有限空间;相关人员在布置生产任务时,未有效开展安全交底。

(3)风险识别不到位,作业方案不完善。在制定、审批《乙烯装置2018年大修开车分离吹扫方案》(以下简称《方案》)时,未充分考虑人员可进入或临近存在缺氧状况的有限空间的情况,未制定有效的安全防范措施。

(4)安全生产责任督促落实不力。相关管理人员未有效履行安全管理职责;相关生产经营单位落实安全生产责任制不力,未有效督促从业人员严格执行安全生产规章制度和安全操作规程。

⚡▣ 防范措施:

(1)组织梳理相关技术文件、流程文件,重新审视管控措施的有效性,组织相关部门从本质安全角度,认真分析作业现场可能存在的风险因素,在实施涉及重大风险因素的作业前,尤其是大修、紧急停开车等非常态作业,企业安全管理部门要在方案制定过程中充分考虑风险等级及措施的有效性。

(2)要加强对员工的安全教育,认真分析、吸取事故教训,切实做到"一人出事故,万人受教育",同时要强化对从业人员应急救援知识的培训,确保发生突发事件时,科学组织施救;要进一步规范对现场安全警示标志等的设置和管理,当发现破损、遗失等问题,及时更换、修复。

(3)要进一步树立管生产必须管安全的理念,加强生产作业过程中各级管理人员和从业人员对规章制度的执行力,并督促本公司及承包商的从业人员强化自我防护意识，杜绝违章指挥和冒险作业。

案例96　某化工有限公司重大爆燃事故

⚡■ **伤亡人数：24 人死亡，21 受伤**

⚡■ **经济损失：　4148.8606 万元**

⚡■ **事故类别：爆炸类**

⚡■ **事故经过：**

　　11 月 27 日 23 时，某化工公司聚氯乙烯车间氯乙烯工段丙班接班。班长李某、精馏 DCS 操作员袁某、精馏巡检工郭某、张某，转化岗 DCS 操作员孟某上岗。当班调度为侯某、冯某，车间值班领导为刘某。接班后，袁某在中控室盯岗操作，李某在中控室查看转化及精馏数据，未见异常。从生产记录、DCS 运行数据记录、监控录像及询问交、接班人员等情况综合分析，接班时生产无异常。27 日 23 时 20分左右，郭某和张某从中控室出来，直接到巡检室。27 日 23 时 40 分左右，李某到冷冻机房检查未见异常，之后在冷冻机房用手机看视频。28 日零时 36 分 53 秒，DCS 运行数据记录显示，压缩机入口压力降至 0.05kPa。中控室视频显示，袁某在之后 3min 内进行了操作；DCS 运行数据记录显示，回流阀开度在约 3min 时间内由 30% 调整至 80%。28 日零时 39 分 19 秒，DCS 运行数据记录显示，气柜高度快速下降，袁某用对讲机呼叫郭某，汇报气柜波动，通知其去检查。随后，袁某用手机向李某汇报气柜波动大。李某在零时 41 分左右，听见爆炸声，看见厂区南面起火，立即赶往中控室通知调度侯某。侯某电话请示生产运行总监郭某后，通知转化岗 DCS 操作员孟某启动紧急停车程序，孟某使用固定电话通知乙炔、烧碱和合成工段紧急停车，停止输气。

⚡■ **原因分析：**

　　违反《气柜维护检修规程》和《低压湿式气柜维护检修规程》的规定，聚氯乙烯车间的 1 号氯乙烯气柜长期未按规定检修，事发前氯乙烯气柜卡顿、倾斜，开始泄漏，压缩机入口压力降低，操作人员没有及时发现气柜卡顿，仍然按照常规操作方式调大压缩机回流，进入气柜的气量加大，加之调大过快，氯乙烯冲破环形水封泄漏，向厂区外扩散，遇火源发生爆燃，是此次事故发生的直接原因。

⚡■ 防范措施：

（1）进一步树牢安全发展理念。

（2）加大执法力度，推动企业主体责任有效落实。

（3）加强源头风险管控，严把危险化学品企业安全准入关口。

（4）强化生产过程管理，全面提升危险化学品行业安全生产水平。

（5）优化调整产业布局，切实推动重点地区化工产业提质升级。

（6）强化安全教育培训，提升各类人员安全管理素质。

（7）严格各项工作措施，切实加强厂外区域车辆停放管理。

（8）强化安评机构监管，坚决杜绝各类违法违规行为。

（9）加强应急体系建设，提高应急处置能力。

（10）加强监管队伍建设，不断提高履职尽责的综合能力。

案例97　某不锈钢公司重大煤气中毒事故

⚡■ 事故类别：中毒类

⚡■ 事故经过：

某公司煤气管道 2015 年 5 月 23 日投入使用后，运行基本正常。

11 月 20 日，公司转炉（1 号炼钢）停产后，15 吨燃气锅炉所用煤气由集团炼钢二厂转炉（2 号炼钢）供给。事故发生前企业巡检人员未发现煤气输送相关设备和管道运行的异常现象。

11 月 29 日 17 时开始，企业员工陆续下班，部分员工经由事故发生区域的通道离开。

17 时 15 分开始，事故发生区域光线逐渐昏暗直至漆黑。

17 时 40 分许，煤气管道内煤气突然泄漏，随西北风向东南方向扩散，致使下班后路经北侧通道的 9 名企业员工，以及优特钢车间水处理操作室正在值班的 1 名企业员工中毒死亡，技术中心大楼一层化验室内 6 名质检员、化验室西门外 1 名物料管理员中毒受伤。

⚡ 原因分析：

（1）1 号排水器存在安全缺陷，未按规定设置水封检查管头，不能检查水封水位，在顶部放散管阀门关闭后，排水器桶体腔内水封上部形成密闭空间。煤气输送工艺存在安全缺陷，转炉煤气直接供给锅炉使用，未经煤气柜系统稳压、缓冲和混匀成分，煤气管网压力波动频繁。在煤气管道运行过程中，排水器桶体腔和落水管、溢流管内的水伴随煤气管网的压力呈现波动性摆动，煤气冷凝水通过落水管大量降落时，水中夹带的部分煤气气泡析出后进入密闭空间；随着上部密闭空间气体（含空气、煤气）体积不断增加，下部水从溢流管口被排出后水位不断降低，直至有效水封水位持续下降，水封被煤气压力瞬间击穿，管道内煤气通过排水器溢流管口大量泄漏。此外，事故发生当晚，现场大雾天气，能见度低、气压低、风速低、地势低，导致煤气泄漏后在下风向大量扩散积聚，造成下班后路经厂区北侧通道和附近岗位正在上班的企业职工中毒伤亡，是此次事故发生的直接原因。

（2）违法违规建设煤气管道和相关附属设施，安全生产管理制度和安全操作规程不健全、不落实，安全生产主体责任落实不到位。

（3）安全防护措施不落实。没有按照《工业企业煤气安全规程》（GB6222）规定，在煤气危险区（如风机房和煤气发生设施附近）的关键部位设置警示标志和一氧化碳监测装置，提醒注意煤气泄漏，未对一氧化碳浓度定期测定；没有在排水器上设检查管头，未对水封液位定期检查。另外，煤气管道内煤气温度、压力和流量等参数的监测检验装置设施不健全，附属排灰阀组阀门、V 形水封等部位的防冻保温措施不完善。

⚡ 防范措施：

（1）确保工艺设施本质安全，从源头上杜绝事故发生。从工艺技术装备上防范煤气泄漏是根本手段。一方面，要严格执行金属冶炼建设项目安全设施"三同时"制度，特别是必须严格按照国家有关规定委托具有相应资质的设计单位、施工单位、安全评价机构进行设计、施工、改造和安全评价，对新建、改建和大修后的煤气设施进行严格的检查验收。新型煤气设备或附属装置应进行安全生产条件论证，满足安全生产条件后方可选用。

另一方面，要严格遵守国家有关法律法规、标准规范金属冶炼企业的强制性工艺技术装备设施要求。例如，高炉、转炉、加热炉、煤气柜、除尘器等设备设施的煤气管道设置可靠隔离装置和吹扫设施；煤气管线进入车间（厂房）时，管线应架空敷设，并按照标准要求设置总管切断阀或可靠的隔断装置；水封装置（含排水器）必须能够检查水封高度和高水位溢流的排水口。

我国钢铁企业因煤气水封（U 型、V 型等）和排水器相关装置设置不合理、水封高度不足、给（加）水装置安全保障性差，造成水封和排水器被击穿，进而引发较大甚至重大煤气中毒事故。因此，应急管理部发布了《煤气排水器安全技术规程》（AQ7012），明确了相关技术要求，切实提升煤气水封和排水器本质安全水平。

（2）强化煤气泄漏监测预警，加强安全警示及监测报警。钢铁企业容易因临近区域煤气设施失修、故障以及生产异常等因素出现煤气泄漏、积聚现象，从而引发人员中毒和窒息等事故。因而，在煤气危险区域，包括高炉风口及以上平台、转炉炉口及以上平台、煤气柜活塞上部、烧结点火器及热风炉、加热炉、管式炉、燃气锅炉等燃烧器旁等易发生煤气泄漏的区域和焦炉地下室、加压站房、风机房等封闭或半封闭空间等应设固定式一氧化碳监测报警装置和安全警示标志。在煤气生产、净化（回收）、加压混合、储存、使用设施等附近有人值守的岗位，应设固定式一氧化碳监测报警装置，值守的房间应保证正压通风。在煤气区域工作的作业人员，应携带便携式一氧化碳检测报警仪。

（3）加强涉及煤气的有限空间作业管理，加强作业安全。应严格执行《工贸企业有限空间作业安全管理与监督暂行规定》（总局 59 号令）和《工业企业煤气安全规程》（GB6222）相关要求，进入煤气设施内部作业，应实施危险作业审批，采取可靠的隔断（隔离）措施，将可能危及作业安全的设施设备及存在有毒有害物质的空间与作业地点隔开，并设专人监护，严格遵守"先通风、再检测、后作业"的作业原则；检测指标应包括氧浓度、一氧化碳浓度，以及其他可能存在的易燃易爆物质浓度、有毒有害气体浓度，检测指标应当符合相关国家标准或行业标准要求。

（4）定期开展事故应急演练，提高事故应急处置能力。从事煤气生产、储存、输送、使用、维护检修的作业人员必须经专门的安全技术培训并考核合格，持特种作业操作证方能上岗作业。严格按照《冶金企业和有色金属企业安全生产规定》要求，建立煤气防护站（组），配备必要的煤气防护人员、煤气检测报警装置及防护设施，按要求每年组织开展至少一次煤气事故应急演练，提高人员事故应急处置能力。

（5）按照规范划分危险区域，防范煤气爆炸事故。此次事故是因煤气泄漏导致的人员中毒伤亡，但煤气泄漏也可能引发火灾爆炸事故。因而，煤气区域应严格按照《钢铁企业煤气储存和输配系统设计规范》和《工业企业煤气安全规程》（GB6222）规定的爆炸性危险环境区域划分，采用符合《爆炸危险环境电力装置设计规范》（GB50058）要求的防爆电气设施，并强化安装施工质量的监督、管理，确保符合场所的防爆要求。

案例98 某石化公司较大机械伤害事故

⚡▪ **伤亡人数：** 5 人死亡、 2 人重伤、 14 人轻伤

⚡▪ **经济损失：** 64.52 万元

⚡▪ **事故类别：机械伤害类**

⚡▪ **事故经过：**

某石化公司重催装置进行检修，恢复生产后，发现油浆系统固体含量偏高，决定对重催装置再次进行停车检修。停车前，编制了《2017年重催装置抢修计划》《重催装置停工方案》和《重催装置停工防冻方案》。

炼油厂向石化设备安装公司下达抢修计划。石化设备安装公司生产科调度员向班组下达 E2208/2 油浆蒸汽发生器检修任务。班组根据检修任务制作了《（E2208/2 换热器检修-现场试压）施工作业卡》，并经石化设备安装公司和炼油厂二车间技术员审核签字。

施工人员乙向二车间设备技术员申请办理《石化公司工作作业许可证》《高处作业许可证》《临时用电许可证》和《工作前安全分析确认表》，设备技术员、工艺技术员助手、白班班长均未按照炼油厂《作业许可证管理标准》到现场进行安全确认即签字。拆卸螺栓前，包括甲、乙等在内的10名施工人员和设备技术员在《工作前安全分析确认表》上签字确认，签字确认内容包括切断工艺流程。

施工班组的施工人员开始使用乙炔火焰烤螺栓方式拆卸 E2208/2 油浆蒸汽发生器封头螺栓，共拆卸 48 根螺栓，剩余 8 根螺栓。

二车间生产副主任巡检时，听到 E2208/2 油浆蒸汽发生器底部放空线进常压水箱换热器振动声比较大，安排班组操作工再次关小底部放空阀，E2208/2 油浆蒸汽发生器壳程压力进一步增高。DCS 显示 E2208/2 油浆蒸汽发生器壳程压力从 0 时 30 分开始上升，最高上升至 2MPa，并持续至事故发生。

11 时 10 分，班组施工人员开始油浆线盲板安装作业，在 E2208/2 油浆蒸汽发生器管程油浆线进口、出口阀门各安装一块盲板，退油线、冲洗油线各安装一块盲板。12 时 10 分，班组施工人员继续拆卸 E2208/2 油浆蒸汽发生器封头螺栓。12 时 20 分，拆到剩余 5 根螺栓时，E2208/2 油浆蒸汽发生器管束与封头共甩飞出，冲进约 25m 外的仓库内，换热器壳体在反向作用力下，向后移动约 8m，将现场人员冲击倒地，造成 5 人死亡、2 人重伤、14 人轻伤，直接经济损失 64.52 万元。

⚡ 原因分析：

（1）设备安装公司施工人员带压拆卸 E2208/2 油浆蒸汽发生器壳体与管箱的连接螺栓，螺栓断裂失效，管箱与管束冲出，撞击现场人员导致人员伤亡，是此次事故发生的直接原因。

（2）相关技术人员和当班班长未按炼油厂《作业许可证管理标准》的要求进行现场安全确认；设备安装公司施工人员在作业前没有最后确认 E2208/2 油浆蒸汽发生器壳程压力。

（3）编制的《停工方案》和《防冻方案》对 E2208/2 油浆蒸汽发生器进行防冻处理后蒸汽压力的处理没有明确要求；炼油厂组织的评审没有发现方案的缺陷，未预见油浆蒸汽发生器在进行防冻处理时如果蒸汽留有压力给检修作业带来的风险。

（4）炼油厂和设备安装公司监督检查不力，未督促员工严格落实作业许可等管理标准和工作制度，未及时纠正技术人员和现场操作人员的习惯性违章操作。

（5）对重催装置停工检修仓促，没有按照先制定抢修、后制定停工方案的原则组织停工检修，工艺、设备部门衔接不到位，为 E2208/2 油浆蒸汽发生器检修埋下安全隐患。

（6）监督检查不到位，未发现二级单位和车间执行公司管理标准和工作制度中存在的问题，在组织的评审中未及时发现《停工方案》和《防冻方案》中存在的问题。

（7）对检维修承包商监督管理不到位，未对检维修作业过程实施有效监督；对设备安装公司在某公司的日常管理中规避石化公司的管理规定，以包代管的行为缺乏有效监督。

防范措施：

（1）加强检修作业安全管理。要加强施工方案编制、审批管理，施工方案应在充分熟悉现场情况的基础上进行编制、审批。作业前应采取有效的管控措施，并经常检查，以确保其可靠、有效。施工单位应严格施工前安全交底，使作业人员熟悉安全操作要求，杜绝违章操作。

（2）企业应规范特殊作业安全许可程序，严格作业票的会签、审批和管理，明确特殊作业许可证签发人、监护人员、许可证签发人的职责、范围和要求，禁止出现个人违章指挥、违规操作的行为；加强操作人员安全管理，增强履职尽责的自觉性，严禁违规简化和减少操作。

（3）企业要切实加强承包商管理，建立合格的危险化学品特殊作业施工队伍名录和档案，严格承包商准入制度，选择具备相应资质、安全业绩好的施工队伍承担检维修、特殊作业等任务，严禁以包代管。

（4）企业应落实安全生产主体责任，把安全生产与生产经营实际结合起来，加强隐患排查治理，提升安全生产保障能力，加强从业人员培训教育，提高从业人员安全技能。

案例99　某生物公司重大爆炸事故

伤亡人数：10 人死亡、1 人轻伤

经济损失：　4875 万元

事故类别：爆炸类

事故经过：

某天 19 时左右，车间尾气处理操作工发现尾气处理系统真空泵处冒黄烟，随即报告班长甲。班长甲检查确认后，将通往活性炭吸附器的风门开到最大，黄烟不再外冒。

21 时左右，真空泵处再次冒黄烟。班长甲认为氯化水洗尾气压力高，关闭了脱水釜、保温釜尾气与氯化水洗尾气在三级碱吸收前连通管道上的阀门，黄烟基本消失。

21时35分左右，车间控制室内操工对氯化操作工说，1号保温釜温度突然升高，要求检查温度、确认保温蒸汽是否关闭。氯化操作工到现场观察温度约为152℃，随即手动紧了一圈夹套蒸汽阀。22时42分左右，班长甲在车间控制室看到DCS系统显示1号保温釜温度150℃（已达DCS量程上限150℃），认为是远传温度计损坏，未作相应处置。

23时30分左右，班长甲所在班组与夜班班长乙所在班组7人进行了交接班。

第二天0时14分左右，班长乙认为1号保温釜DCS温度显示异常，又来到1号保温釜，打开保温釜紧急放空阀，没有烟雾排出又关闭放空阀。

1时1分左右，班长乙又到1号保温釜，打开1号保温釜紧急放空阀，有大量烟雾冒出，接着关闭紧急放空阀并离开。1时39分左右，班长乙再次来到1号保温釜，用扳手紧固保温釜夹套蒸汽阀门。

2时5分左右，氯化操作工丙接到内操工指令，到1号保温釜进行压料操作，氯化操作工丁协助，精馏操作工戊也在现场。

2时5分31秒，氯化操作工丁关闭了1号保温釜放空阀，氯化操作工丙打开压缩空气进气阀向1号高位槽压料，氯化操作工丁观察压料情况。

2时8分41秒，氯化操作工丙关闭压缩空气进气阀，看到1号保温釜压力快速上升；9分2秒，氯化操作工丁快速打开1号保温釜放空阀进行卸压；9分30秒，1号保温釜尾气放空管道内出现红光，紧接着保温釜釜盖处冒出淡黑色烟雾，氯化操作工丙、氯化操作工丁、精馏操作工戊3人迅速跑离现场。9分49秒，保温釜内喷出的物料发生第一次爆炸；9分59秒，现场发生了第二次爆炸。

原因分析：

尾气处理系统的氮氧化物（夹带硫酸）进入1号保温釜，与釜内加入的间硝基氯苯、间二氯苯、1,2,4-三氯苯、1,3,5-三氯苯和硫酸根离子等回收残液形成混酸，在绝热高温下，与釜内物料发生化学反应，持续放热升温，并释放氮氧化物气体（冒黄烟），使用压缩空气压料时，高温物料与空气接触，反应加剧，紧急卸压放空时，遇静电火花燃烧，釜内压力骤升，物料大量喷出，与釜外空气形成爆炸性混合物，遇火源发生爆炸，是此次事故发生的直接原因。

防范措施：

（1）突出重点环节，加强工艺安全管理。

（2）企业应规范变更管理。

（3）加强对第三方服务机构的管理。

（4）严格人员准入。要严格按照《特种作业人员安全技术培训考核管理规定》，危险化学品特种作业人员应当具备高中或相当于高中及以上文化程度。相关专业人员必须具备大专以上学历。在申请办理企业安全许可证及安全许可证延期时必须对其主要负责人和安全管理人员进行考核，考核未通过的不予办理。

案例100　某电石公司较大闪爆事故

⚡■ **伤亡人数：7 人死亡、14 人受伤**

⚡■ **经济损失：　2198 万元**

⚡■ **事故类别：爆炸类**

⚡■ **事故经过：**

某公司回转石灰窑设备基本安装到位，对设备进行调试。9 时 30 分，点火作业人员及相关辅助人员、施工人员先后陆续入场开始作业。安全环保处安全专工王某对回转石灰窑人员进行清场。12 时 13 分，回转石灰窑车间气柜巡检工向回转石灰窑系统注入氮气，开始置换，至 13 时 20 分结束。

13 时 20 分，完成了对回转石灰窑窑头煤气总管管道 2 号取样口的取样工作，分析结果显示氧含量为 76%。

14 时，完成了煤气管道末端流量调节阀后管道与回转窑烧嘴之间的金属软管连接。

14 时 23 分，完成了对回转石灰窑窑头煤气管道 2 号取样口的第二次取样工作，分析结果显示氧含量为 66%。

14 时 53 分，上料工打开窑头煤气管道盲板阀。

14 时 57 分，开启一次助燃风机（空气风机）向回转石灰窑内注入空气，至事故发生一直处于开启状态：出口压力（PtOO6）4kPa、一次风机流量 1400m^3/h，从 15 时一直持续到 16 时 29 分。

16 时左右，煤气已送到窑头。

16 时 28 分，依次打开蝶阀和两个调节阀，调节阀开度各 50%。2 号煤气加压机开始向回转石灰窑通入煤气，烧嘴前流量调节阀处煤气压力由 0 提高至 7.5kPa 后在 7.5～8kPa 波动，16 时 29 分一次助燃风机出口压力提高至 9.6kPa。

16 时 30 分 11 秒至 14 秒，巡检工向炉内送入火把，随即发生闪爆。

⚡▣ 原因分析：

（1）回转石灰窑点火前已通入煤气和空气，从窑头到除尘器整个回转窑系统空间形成混合爆炸气体，当火把送入窑炉内烧嘴口附近时，迅速发生爆炸，是此次事故发生的直接原因。

（2）《开窑方案》和《关于点火所需准备的条件》存在缺陷，未明确回转石灰窑点火开窑指挥机构的具体岗位人员，造成现场指挥、管理混乱；派出的专业技术人员点火指挥错误，在点火火把未放入回转石灰窑的情况下，先将煤气和空气通入回转石灰窑。

（3）公司安全管理制度流于形式，没有得到有效执行；安全隐患排查治理制度执行不力，"三查四定"消缺不到位；未对《开窑方案》和《关于点火所需准备的条件》批准确认；参与点火开窑的人员岗前专业培训不到位；在没有核实和确认关键环节的情况下，将火把放入回转石灰窑。

（4）未严格履行安全生产监理职责，未审查出某公司提交的《开窑方案》和《关于点火所需准备的条件》存在的缺陷；对项目在未按设计全部完工的情况下组织点火开窑和现场管理混乱等行为未进行有效制止。

⚡▣ 防范措施：

（1）要切实增强安全生产意识。各单位要切实履行企业安全生产主体责任，深刻反思事故教训，坚持问题导向，依法、合规、有序组织各项生产经营活动。

（2）要切实加强安全生产基础管理。加强企业安全生产各项管理制度的落实；强化日常安全检查和风险隐患排查治理，采取有力措施堵塞企业安全管理工作中的漏洞和短板，推进各项安全生产防范措施有效落实。

（3）要加强项目现场安全管理。落实从业人员岗前安全培训；要加强需要共同参与、配合作业等方案的编制、审核工作；加强项目各环节管控，明确相关人员在联动试车、点火开窑、试生产等环节的分工和职责，做到严格有序、规范操作。

（4）要切实发挥监理管控作用。要进一步完善相关监理制度，强化对派驻项目现场的监理人员特别是总监理工程师的考核和管理；严格履行施工现场监理职责，对监理过程中发现的安全隐患和问题，要及时责令整改。

（5）要加强技措项目和外包工程管理。严格执行国家安全生产法律法规，严格落实新、改、扩建项目安全设施"三同时"工作；针对此次技措项目暴露出的问题，制定严格的整改方案和防范措施，经常组织开展对下属各公司的安全生产检查，特别是要加强外包工程项目的管理，严禁以包代管，坚决防范各类安全生产事故的发生。

附　录

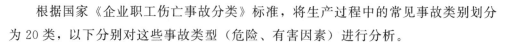

附录 A　事故类别划分

根据国家《企业职工伤亡事故分类》标准，将生产过程中的常见事故类别划分为 20 类，以下分别对这些事故类型（危险、有害因素）进行分析。

第 1 类：物体打击。物体在重力或其他外力的作用下运动，打击人体造成伤害的危险，例如高速旋转的设备部件松脱飞出伤人、高速流体喷射伤人等；不包括因机械设备、车辆、起重机械、坍塌等引发的物体打击的危险。

第 2 类：车辆伤害。厂内机动车辆在行驶过程中导致的撞击、人体坠落、物体倒塌、飞落、挤压等形式伤害的危险。不包括起重设备提升、牵引车辆和车辆停驶时发生事故的危险。

第 3 类：机械伤害。由于机械设备的运动或静止的部件、工具、被加工件等，直接与人体接触引起的碰撞、剪切、夹挤、卷绞缠、碾压、割、刺等形式伤害的危险。不包括厂内外车辆、起重机械引起的各类机械伤害危险。

第 4 类：起重伤害。各种起重作业（包括起重机安装、检修、试验）中发生挤压、坠落、（吊具、吊重等）物体打击和触电事故的危险。

第 5 类：触电。主要包括两类。

① 电击、电伤：人体与带电体直接接触或人体接近带高压电体，使人体流过超过承受阈值的电流而造成伤害的危险称为电击；带电体产生放电电弧而导致人体烧伤的伤害称为电伤。

② 雷电：由于雷击造成的设备损坏或人员伤亡。雷电也可能导致二次事故的发生。

第 6 类：淹溺。人体落入水中造成伤害的危险，包括高处坠落淹溺，不包括矿山、井下透水等的淹溺。

第 7 类：灼烫。火焰烫伤、高温物体烫伤、化学灼伤（酸、碱、盐、有机物引起的体内外灼伤）、物理灼伤（光、放射性物质引起的体内外灼伤）等危险。不包括电灼伤和火灾引起的烧伤危险。

第 8 类：火灾。由于火灾而引起的烧伤、窒息、中毒等伤害的危险，包括由电气设备故障、雷电等引起的火灾伤害的危险。

第 9 类：高处坠落。指在高处作业时发生坠落造成冲击伤害的危险。不包括触电坠落和行驶车辆、起重机坠落的危险。

第 10 类：坍塌。物体在外力或重力作用下，超过自身的强度极限或因结构、稳定性破坏而造成的危险（如脚手架坍塌、堆置物倒塌等）。不包括车辆、起重机械碰撞或爆破引起的坍塌。

第11类：冒顶偏帮。井下巷道和采矿工作面围岩或顶板不稳定，没有采取可靠的支护，顶板冒落或巷道偏帮对作业人员造成的伤害。

第12类：透水。井下没有采取防治水措施、没有及时发现突水征兆或发现突水征兆没有及时采取防探水措施或没有及时探水，裂隙、溶洞、废弃巷道、透水岩层、地表露头等积水进入采空区、巷道、探掘工作面，造成井下涌水量突然增大而发生淹井事故。

第13类：放炮。爆破作业中所存在的危险。

第14类：火药爆炸。火药、炸药在生产、加工、运输、储存过程中发生爆炸的危险。

第15类：瓦斯爆炸。井下瓦斯超限达到爆炸条件而发生瓦斯爆炸危险。

第16类：锅炉爆炸。锅炉等发生压力急剧释放、冲击波和物体（残片）作用于人体所造成的危险。

第17类：容器爆炸。压力容器、乙炔瓶、氧气瓶等发生压力急剧释放、冲击波和物体（残片）作用于人体所造成的危险。

第18类：其他爆炸。可燃性气体、粉尘等与空气混合形成爆炸性混合物，接触引爆能源（包括电气火花）发生爆炸的危险。

第19类：中毒窒息。化学品、有害气体急性中毒、缺氧窒息、中毒性窒息等危险。

第20类：其他伤害。除上述因素以外的一些可能的危险因素，例如体力搬运重物时碰伤、扭伤、非机动车碰撞轧伤、滑倒（摔倒）碰伤、非高处作业跌落损伤、生物侵害等危险。

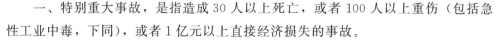

附录 B　生产安全事故分类

一、特别重大事故，是指造成30人以上死亡，或者100人以上重伤（包括急性工业中毒，下同），或者1亿元以上直接经济损失的事故。

二、重大事故，是指造成10人以上30人以下死亡，或者50人以上100人以下重伤，或者 5000 万元以上 1 亿元以下直接经济损失的事故。

三、较大事故，是指造成 3 人以上 10 人以下死亡，或者 10 人以上 50 人以下重伤，或者 1000 万元以上 5000 万元以下直接经济损失的事故。

四、一般事故，是指造成 3 人以下死亡，或者 10 人以下重伤，或者 1000 万元以下直接经济损失的事故。

附录C 电石炉八大禁令

一、停车原因未查清，严禁检修作业。

释义：电石炉出现氢含量超标、炉压波动、炉内漏水、电极软断、硬断等异常工况时，在停车原因未检查清楚前，未明确有效的安全风险管控措施，绝不允许组织检维修作业。

二、现场人员未撤离，严禁活动电极。

释义：活动电极可能导致电石炉大塌料风险，配电工在活动电极前，必须通知电石炉二楼全部人员撤离，确认全部人员撤离至安全区域后，方可活动电极。

三、氢含量大于 15%，严禁活动电极。

释义：因炉内漏水导致电石炉氢含量大于 15% 时，活动电极可能造成炉内发生闪爆事故，配电工绝不允许活动电极。

四、炉内有积水，严禁处理料面。

释义：电石炉内存有积水，若处理料面，积水会与炉内高温物料反应，产生氢气、一氧化碳、乙炔等与空气混合，形成爆炸性气体，发生闪爆事故。炉内有积水时，首先关闭对应的循环水管线阀门，然后利用料面温度将积水蒸干，确认后方可处理料面。

五、炉压异常，严禁人员停留。

释义：电石炉出现炉压大范围波动、不稳定、喷火、大量冒烟等现象时，二楼区域可能存在大塌料风险和发生闪爆事故，绝不允许人员在此区域停留。

六、电极软断、冒黄烟，严禁提升电极。

释义：电石炉出现电极软断、电极筒冒黄烟现象时，若提升电极会发生闪爆事故，配电工应紧急停电，并将该相电极坐实，关闭该相电极所有循环水阀门，紧急疏散各楼层人员，绝不允许提升电极。

七、炉盖上有积水，严禁送电开车。

释义：电石炉停车期间，炉盖上有漏水或积水，可能导致水流入炉内发生闪爆事故。未将漏水、积水彻底处理，绝不允许送电开车。

八、检查、处理料面，严禁人员超过 2 人。

释义：电石炉开炉门检查、正常处理料面等作业，可能存在大塌料风险和发生闪爆事故，绝不允许作业人员超过 2 人。

附录 D　新疆中泰矿冶十大安全禁令

一、严禁劳动防护用品穿戴不规范进入生产现场。

二、严禁无上岗作业证、安全作业证上岗作业。

三、严禁违章指挥、违章作业、违反劳动纪律。

四、严禁无票、无证进行检维修作业。

五、严禁未经审批进行动火、进入受限空间、高处、吊装、临时用电、动土、断路、盲板抽堵等作业。

六、严禁安全技术交底不清进行检维修作业。

七、严禁使用不合格的工器具、脚手架和特种设备。

八、严禁不系安全带进行高空作业或抛掷物品。

九、严禁带电作业。

十、严禁作业时触碰传动设备。

附录 E　新疆中泰矿冶十大保命条款

一、任何人不得进入一氧化碳、氨气等有毒有害、易燃易爆气体浓度超标场所。

二、任何人不得触碰设备传动部位。

三、任何人不得在吊装物下穿行、停留，不得在吊装不牢靠时起吊作业。

四、任何人不得靠近叉车、铲车、物料装卸运输车辆。

五、在存在跌落危险2米以上高空作业时必须系安全带。

六、任何人不得在活动电极、炉压波动时现场停留。

七、任何人不得在卷扬机运行时，靠近或跨越钢丝绳。

八、任何人不得对承压设备带压检修作业。

九、任何人不得未经许可开闭检修管道盲板或阀门。

十、任何人不得触碰带电设备及攀爬带电变压器。

附录 F　新疆中泰矿冶十大文明公约

一、坚决服从管理、遵章守纪、不触碰法律道德底线。

二、不做"两面人"，坚决抵制不文明行为，不做危害社会稳定的事。

三、不打架斗殴、寻衅滋事、酒驾、无证驾驶。

四、不参与黄、赌、毒。

五、不发生家暴、自残或蓄意伤害他人等极端行为。

六、不损公利己、泄露机密及欺上瞒下。

七、不参与网贷、网络暴力、违法传播、非法传销及恶意拖欠他人钱财。

八、不散播不当言论、招摇诈骗、恶意举报诋毁他人和公司。

九、不铺张浪费，不损害公共财产及公司形象。

十、不因个人情感、家庭矛盾，传播负面情绪，影响公司安全生产和人员稳定。

附录 G　生产厂区十四不准

一、加强明火管理，厂区内不准吸烟。

二、生产区内、不准未成年人进入。

三、上班时间，不准睡觉、干私活、离岗和干与生产无关的事。

四、在班前、班上不准喝酒。

五、不准使用汽油等易燃液体擦洗设备、用具和衣物。

六、不按规定穿戴劳动保护用品，不准进入生产岗位。

七、安全装置不齐全的设备不准使用。

八、不是自己分管的设备、工具不准动用。

九、检修时安全措施不落实，不准开始检修。

十、停机检修的设备未经彻底检查不准投用。

十一、未办高处作业证，不戴安全带，脚手架、跳板不牢，不准登高作业。

十二、石棉瓦上不固定跳板不准作业。

十三、未安装触电保安器的移动电动工具，不准使用。

十四、未取得安全作业证的职工不准独立作业，特殊工种未经取证，不准作业。

附录 H　新疆中泰矿冶安全口诀

一、电石炉急停操作"七字诀"

电石操作要精细，十三异常拍手停；

含氢超高炉漏水，检查防护须严谨；

塌料压电高不降，稳氢负压查漏精；

元件水温超高限，筋板打断方法灵；

电炉断水温度高，除杂缓通水路净；

液压供电现火情，灭火应急同报警；

冒烟电极切勿提，漏糊软断判断清；

漏油泄压电极滑，停泵关阀速响应；

短网放电绝缘损，排查更换措施明；

动电跳停莫犹豫，查清原因稳运行；

炉变失控莫恐慌，停变处置要精心；

蓝屏切换均无效，仪表排毒微机新；

炉壁烧穿危害大，降温隔离检修赢；

工艺参数无法控，严查分析勤总结。

二、炉底巡检顺口溜

炉底巡检通风先，取样分析检测全；

一前一后双人检，炉底设施判断严。

三、机器人维护保养顺口溜

设备维护要安全，作业之前把电断；

切记挡火门要关，检修质量把控严。

四、电石炉二楼巡检顺口溜

进入岗位巡检前，劳防检查要为先；

通信工具随身带，及时联络常提醒；

回水温度是关键，超出指标查原因；

红线区域莫进入，起烟塌料速撤离。

五、入炉作业顺口溜

入炉之前关闸板，取样合格开受限；

铺料降温踏板站，通风复样保安全。

六、安全压放电极顺口溜

双人巡检监督好，超出指标不得了；

检测报警不能少，应急路线通道保。

七、液压系统消漏顺口溜

液压消漏须双人，阀门关闭挂牌准；

两相电极勿同碰，报警超标速撤离。

八、电石炉三楼半动火作业顺口溜

检修作业把票办，取样分析不蛮干；

漏电保护需查看，劳保穿戴应齐全。

九、电石炉更换顶升缸、夹紧缸顺口溜

通风检测防中毒，关闭阀门挂好牌；

两相电极勿同碰，活动电极人撤离；

双人巡检监督好，超出指标不得了；

检测报警不能少，应急路线通道保。

十、电石炉环形加料机内检修顺口溜

通风置换须优先，取样合格把电断；

短接断气挂牌见，按时复样保平安。

十一、更换皮带顺口溜

设备运行不靠近，断电短节记挂牌；

皮带试启莫忘记，劳保齐全票据全。

十二、焊接电极筒顺口溜

检测仪器挂胸前，劳保穿戴要齐全；

两相电极勿同碰，外部焊接打零位。

十三、净化巡检顺口溜

劳保防护穿戴齐，智慧巡检及上传；

应急程序心中记，双人双岗保安全。

十四、布袋检换顺口溜

进入受限空间前，审批手续要先办；

置换合格不冒险，防护物资要配齐。

十五、净化系统动火顺口溜

取样合格再作业，现场监护不可缺；

消防设施有保障，措施落实不能忘。

十六、清理烟道顺口溜

烟道清理先降挡，置换炉气紧跟上；

盲板闸板齐关闭，防护到位再开盖。

十七、卸灰阀检修顺口溜

断电挂牌莫着急，个人防护要牢记；

便携检测胸前系，浓度超标速撤离。

十八、变压器检修顺口溜

安全措施要可靠，倒闸唱票不能少；

停电验电必须要，接地线路要挂牢；

吊点固定吊物牢，登高防护要到位。

十九、断路器检修顺口溜

核标识退负荷，停电验电接地挂；

先许可后模拟，一人操作一人唱；

吊装区设警戒，吊物绑扎要牢固。

二十、低压补偿检修顺口溜

退负荷核标识，停电验电把牌挂；

工器具要绝缘，带电区域保距离。

二十一、GIS 间隔操作顺口溜

断电验电把牌挂，关阀泄压要切记；

堵眼关门是前提，调试运行确认好。

二十二、电动机检修顺口溜

核标识退负荷，停电验电把牌挂；

操作时需两人，试起设备后短接。

二十三、变频器检修顺口溜

核标识退负荷，停电验电把牌挂；

拆线头做绝缘，搬抬稳妥防伤害。

二十四、炉底热电偶检修顺口溜

进入之前通风先，取样分析保安全；

炉底高温防护到，轮换作业防中暑。

二十五、料面机检修顺口溜

劳防检测当为先，炉压控稳防护前；

断电验电再确认，塌料超标速撤离。

二十六、智能机器人检修顺口溜

断电验电把牌挂，关阀泄压要切记；

堵眼关门是前提，调试运行确认好。

二十七、气体分析柜检修顺口溜

退出净化解连锁，置换合格拆探头；

检测仪器佩戴好，登高防护要到位。

二十八、加热元件检修顺口溜

验电停电再验电，防护措施要齐全；

两相电极勿同碰，报警超标速离身。

二十九、吊装深井泵顺口溜

断电验电后挂牌，盘线配合圈外站；

拆线绑线离井口，吊物绑牢保安全。

三十、行车照明检修顺口溜

停车稳准把门开，断电验电需挂牌；

上车先系安全带，离车送电再调试。

三十一、烘干窑巡检顺口溜

检测仪器胸前挂，双人巡检前后跟；

上下楼梯扶扶手，运行设备勿触碰。

三十二、更换扬料板顺口溜

检测合格不蛮干，降温措施须先行；

断电验电要可靠，确认负压方可进；

联络信号拟定好，出现异常忌盲进。

三十三、更换风帽、喷吹管线补焊顺口溜

冷却降温要在前，通风置换后检测；

窑内保证是负压，应急出口专人看。

三十四、更换滤袋顺口溜

检测合格不蛮干，断电断气确认先；

持续检测防毒害，禁止高空把物抛。

三十五、更换网链顺口溜

冷却降温要先行，统一指挥听命令；

断电检测后作业，设备试起勿靠近。

三十六、更换大倾角皮带顺口溜

断电验电要可靠，吊车支稳要牢靠；

警戒区域莫进入，人员统一听指挥。

三十七、更换燃烧梁顺口溜

停窑降温要提前，关闭油阀加盲板；

吊车吊装做警戒，拉梁手柄控制准。

三十八、石灰窑加压机房巡检顺口溜

双人巡检前后行，检测仪器不离身；

消除静电防护全，关键部位仔细看。

三十九、石灰窑更换罗茨风机顺口溜

设备检修要断电，电机短接专人验；

吊装作业不蛮干，试车之前仔细看。

四十、石灰窑窑上巡检顺口溜

双人巡检执行好，上下楼梯扶扶手；

检测报警不能少，岗位沟通有保证。

四十一、石灰窑更换液压油缸顺口溜

更换油缸风险高，现场油污清理掉；

安全措施落实好，关闭阀门最重要。

四十二、石灰窑清理通道顺口溜

孔洞前方温度高，防火手套加面罩；

钢钎拿稳清通道，窑内负压最重要。

四十三、石灰窑旋转料斗底座补焊顺口溜

作业空间先取样，分析合格再动火；

漏电保护要接好，底座支撑须牢靠。

四十四、石灰窑更换密封圈顺口溜

更换密封要取样，阀门关闭挂好牌；

进入系好安全带，应急出口专人待。

四十五、石灰窑更换托辊护皮顺口溜

更换护皮和托辊，皮带断电是关键；

试启验电不可少，双人操作保安全。

四十六、料场卸车顺口溜

车辆停靠要指定，安全交底需交清；

卸车期间不上料，交叉作业不可靠。

四十七、管道消漏顺口溜

管道漏水阀门关，通风置换须优先；

找准问题把料备，措施落实要到位。

四十八、刨床操作顺口溜

劳保穿戴要规范，目注工件高速转；

丝丝入扣须谨慎，旧去新来得重生。

四十九、铣床操作顺口溜

开机检查应正常，作业工件装牢靠；

走刀运行要逐步，快速运行要注意；

测量检查须停车，作业结束应清屑；

操作手柄要归位，断电意识记心间。

五十、车床操作顺口溜

检查衣摆系袖口，卡盘旋转勿上手；

防护眼镜要佩戴，装夹工件先断电。

五十一、制作电极筒顺口溜

每天认真交接班，设备不带隐患转；

水路气路要通畅，安全工作放心上。

五十二、气柜检修操作口诀

学方案，明规程，降柜位，活塞要着床；

关蝶阀，要沟通，充氮气，置换要合格；

开放散，关盲板，要注意，必戴呼吸器；

检修后，人员撤，现场净，工具要清点；

充氮气，多置换，氧含量，不能大于 1%；

开盲板，开蝶阀，多留意，氧量不能超。

五十三、冷却塔更换电机、桨叶

吊装作业危险大，物体打击很可怕；

风机未停电未断，千万莫要伸手干。